数字化学习环境构建：

信息技术有效支撑在线学习的理论与实践

杨文阳◎著

中国石化出版社

内容提要

数字化时代改变着每个人的学习方式，当前在推进教育信息化进程中，从现实的课堂问题出发，课堂教学改革是教育改革的核心，数字化学习环境是信息技术与科学课程深度融合的有效途径，也是培养学习者核心素养的有效措施。数字化学习环境下通过信息技术创设在线学习环境既可以有效激发学习者的学习动机，促使学习者有意义地学习；也可以提升学习者的探究能力和问题解决能力，促进学习者的概念转变与知识获取。本书主要从数字化学习环境理论基础、在线学习环境设计与应用模式、计算机支持的协作（CSCL）对学习效果的影响，以及在线学习环境下教师专业能力发展四个方面展开讨论。理论探讨方面主要是构建终身学习理念下的数字化学习框架和在线学习环境中学习者之间的强弱关系，根据当前最新的移动技术、大数据和学习分析技术设计在线学习环境、资源开发及应用模式，并设计与开发相应的学习案例。对计算机支持的协作学习进行深入分析，结合课堂教学实际，通过实证研究检验 CSCL 的不同应用模式在课堂教学中对学习者学习效果的影响。

图书在版编目(CIP)数据

数字化学习环境构建：信息技术有效支撑在线学习的理论与实践/杨文阳著. --北京：中国石化出版社，2019.9

ISBN 978-7-5114-5399-0

Ⅰ. ①数… Ⅱ. ①杨… Ⅲ. ①网络教育—研究 Ⅳ. ①G434

中国版本图书馆 CIP 数据核字(2019)第 189710 号

中国石化出版社出版发行

地址：北京市东城区安定门外大街 58 号
邮编：100011 电话：(010)57512500
发行部电话：(010)57512575
http://www.sinopec-press.com
E-mail:press@sinopec.com
北京科信印刷有限公司印刷
全国各地新华书店经销

*

787×1092 毫米 16 开本 11 印张 225 千字
2019 年 9 月第 1 版 2019 年 9 月第 1 次印刷
定价：66.00 元

序

随着电子技术、计算机技术、移动通信技术等的不断发展，数字化学习在教育领域得到越来越广泛的应用，引起了党和国家的高度重视。中共中央、国务院印发的《中国教育现代化 2035》指出："充分利用现代信息技术，丰富并创新课程形式；加快信息化时代教育变革，建设智能化校园，统筹建设一体化智能化教学、管理与服务平台；利用现代技术加快推动人才培养模式改革，实现规模化教育与个性化培养的有机结合。"随后中共中央、国务院《加快推进教育现代化实施方案（2018—2022 年）》对我国今后 5 年加快推进教育现代化作出了具体部署："着力构建基于信息技术的新型教育教学模式、教育服务供给方式以及教育治理新模式。促进信息技术与教育教学深度融合，支持学校充分利用信息技术开展人才培养模式和教学方法改革，逐步实现信息化教与学应用师生全覆盖。"这两个文件是新时代推进教育现代化、建设教育强国的纲领性文件，对我国未来教育中数字化学习环境建设及应用提出了明确的要求和具体的实施路线。

实现信息技术与课堂教学的深度融合是信息技术提升教育教学质量的关键，数字化学习环境创设是实施这种融合的主要途径。但如何构建信息化学习环境，怎样与学科教学有机融合，什么样的教学模式有利于学生的发展，学生的学习效果如何评价等问题，并没有得到有效的解决。杨文阳博士的专著《数字化学习环境构建：信息技术有效支撑在线学习的理论与实践》丰富了数字化学习环境领域的研究成果，为信息技术与课程教学深度融合研究与推广提供了理论指导与方法支持。

经过近 20 年的理论研究与实践探索，我们提出了思维型教学理论，该理论认为：思维活动是课堂教学中师生的核心活动，教学的本质是思维，教学的目标指向学生核心素养的发展。为了突出教学中学生积极主动的思维，提出了教学需要遵循动机激发、认知冲突、自主建构、自我监控和应用迁移五大基本原理，构建了情景与问题、探究与合作、总结与反思、应用与迁移等课堂教学的基本要素。杨文阳是我培养的科学教育专业的博士，他原有的学科领域是教育技术学，在攻读博士期间，他的研究聚焦于如何利用信息技术创设有利于激发学生内在动机，促进学生积极思维的教学环境，本专著即是他在这方面研究工作的系统总结。

该书在数字化学习环境理论和应用研究方面具有较高的创新价值。从当前课堂的现实问题出发，力求通过课堂教学创新与改革培养学习者的核心素养。该书从理论探讨与实践应用两个方面深入分析数字化学习环境创设与应用效果，主要包括数字化学习环境理论基础、在线学习环境设计与应用模式、计算机支持的协作学习(CSCL)对学习效果的影响、在线学习环境下教师专业能力发展等内容，并根据当前最新的移动技术、大数据和学习分析技术设计数字化学习环境和资源开发及应用模式，设计与开发了相应的学习案例，通过实证研究检验了数字化学习资源和学习模式在课堂教学中的应用效果。

该书的出版为作者在数字化学习环境领域阶段性研究成果的展示，希望本书能得到广大读者的欢迎与批评指正，也希望作者在今后的研究中能结合当前国家加快推进教育现代化的重大需求，通过理论与方法创新继续深入研究，努力构建基于信息技术的新型教育教学模式，设计与开发适合学习者个性化学习的智慧学习环境，有效支持学校充分利用信息技术开展人才培养模式和教学方法改革，为实现信息化教与学的深入应用提供有力支撑。

是为序。

中国基础教育质量监测协同创新中心副主任
现代教学技术教育部重点实验室主任
国家级教师教学发展示范中心主任
陕西师范大学教师专业能力发展中心主任

前 言

当前在推进教育信息化进程中，从现实课堂的问题出发，课堂教学改革是教育改革的核心，目前的课堂难以培养出学生能够适应终身发展和社会发展所需要的核心素养。数字化学习环境创设是信息技术与课程教学深度融合的主要途径，也是培养学习者核心素养的有效措施。数字化学习环境下通过信息技术创设的在线学习环境既可以有效激发学习者的学习动机，促使学习者有意义地学习，也可以提升学习者的问题解决能力和探究能力，促进学习者的知识转化。目前，数字化学习环境研究中缺乏系统的理论和实践研究，在理论研究层面上，缺乏系统性研究在线学习情境支持下的教学理论及模式，在实践研究层面上，大多数人关注在课堂学习中利用信息技术设计与开发在线学习资源和学习工具，缺乏对在线学习环境有效支持课堂教学的应用研究，在具体应用中，缺乏实证研究。因此，对在线学习环境下的课堂教学进行系统的理论与实践研究具有较强的现实意义和实践价值。本书综合了文献分析法、问卷调查法和准实验研究法，主要从理论探究和实证研究两个方面开展研究，可为读者进行相关教学和研究工作提供参考。

本书具有以下特点：

（1）前瞻性。本书在文献研究的基础上，梳理国内外信息技术支撑下的在线学习环境最新研究成果，系统总结在线学习环境目前的研究现状，总结未来的发展趋势。

（2）学术性和创新性。本书通过文献梳理，从思维型课堂学习理论、情境学习理论、活动理论、建构主义学习理论、联通主义学习理论和沉浸理论视角构建数字化学习环境支持下的课堂教学理论基础，对移动学习、在线学习环境中学习之间的关系、在线学习环境下教师专业能力发展等进行深入分析，为后续深入的实践探索与实证研究提供理论支撑。

（3）系统性和全面性。本书主要从数字化学习环境理论基础、在线学习环境设计与应用模式、计算机支持的协作学习（CSCL）对学习效果的影响，以及在线学习环境下教师专业能力发展等方面深入分析数字化学习环境及学习资源创设的路径及应用模式。根据当前最新的移动技术、大数据和学习分析技术设计数字化学习环境和资源开发及引用模式，并设计与开发相应的学习案例，通过实证研究检验数字化学习资源和学习模式在课堂教学中的应用效果。

（4）应用性。本书通过理论和实证研究总结了在线学习环境下的学习模式与教师发展模式，以及在线学习在课堂教学应用中存在的问题，如学习者的信息素养等，深入了解学习者对在线学习环境在课堂学习中的学习态度和认识程度，寻找并改进解决方案，不断完善在线学习环境在课堂内外的应用模式，以提高当前课堂教学效果。本书的编写由浅入深，循序渐进，并配有大量的图表便于读者学习。

本书分为4个部分共14章，全部内容均为笔者近些年在数字化学习领域的研究成果。适用的读者对象为教育学、教育信息科学学科（教育技术学、课程教学论等专业）研究人员及在校学生（研究生及本科生）、中小学相关学科教师、教育行政及管理人员、数字化学习服务企业研发人员等。

本书由“西安石油大学优秀学术著作出版基金”资助出版。同时，在编写过程中参考了许多国内外的学术文献以及网络资料，借鉴了许多同仁的宝贵研究成果，由于篇幅有限，不能详尽列出，在此向所有作者表示感谢。

由于笔者的学识水平有限，再加上编写时间仓促，书中难免有不妥之处，敬请读者批评指正。

目　录

第1部分　数字化学习环境构建理论基础

第2部分 在线学习环境设计及应用模式

第3部分 CSCL对学习效果的影响

第4部分 在线学习环境下教师专业能力发展

第1部分

数字化学习环境构建理论基础

1 基于终身学习理念的数字化学习框架构建

1.1 终身学习概念的提出

随着社会经济的迅速发展，教育已从专门的精英化教育演变成大众化教育。学习模式也从只在教室里学习演变成远程学习和虚拟环境的学习，信息技术也能有效地把学习内容提供给学习者。一个知识型社会就是一个学习型社会①，一个学习型社会有责任为其人民提供寻求知识的渠道。在信息技术的帮助下，知识的获取将不再局限在教室里，因此可以认为，信息技术有助于构筑终身学习型社会。

虽然终身学习目前学界还没有一个统一的定义，但终生学习是应该发生在每个人的生活中的经过深思熟虑的学习。可以将终身学习与技术的使用联系起来②，终身学习可以以计算机作为传播媒介进行远程在线学习，远程在线学习在支持终身学习方面将会发挥巨大的潜能。终身学习经常被用于联系到成人教育或继续教育，“学到老，活到老”这个从生到死追求知识的名言诠释了终身学习的本质。它展示了一个人在其一生中不得不经历的各种类型的教育：正规教育和非正规教育。正规教育包括结构化的课程计划学习，需要有标准化的教室和合格的教师；非正规教育涉及学校外的学习场合，比如博物馆、野外旅行等。因此，当一个人完成正规教育时，这种正规教育被归类为终身学习过程中的一部分，之后还要接受所有形式的教育。

终身学习的目的是为了提高知识和技能，以及提高与个人、公民、社会和职业前景相关的能力。终生学习的独特之处在于它围绕着个人即学习者为中心。学习实践活动的核心是学习者，一个人具有一定的物理特征，作为社会的一员，每个人都担负着一定数量的社会角色和如何学习以适应这些角色③。终身学习关注的是社会个体，数字化学习可以说是终身学习的延伸，而移动学习是数字化学习今后发展的主流趋势，它是指学习者在自己需要学习的任何时间、任何地点通过有线网络或无

① Hargreaves, A. (2003). Teaching in the Knowledge Society: Education in the age of unsecurity. Online, available at http://books.google.com.my/books (accessed 1 March 2009).

② Rozhan Idrus, R., & Hanafi Atan (2007). Lifelong and lifewide distances education in Abdul Razak, N., KamarulKabilan, M. and Silong, A. D. (eds) Online Lifelong Learning in Malaysia: research and practice (pp. 1 – 8). Serdang: Universiti Putra Malaysia Press.

③ Vavoula, G., & Sharples, M. (2001). Studying the Learning Practice: Implications for the Design of a Lifelong Learning Support System in IEE (pp. 379 – 380).

线移动设备（如手机、具有无线通信模块的 PDA、MP4，以及手持电子书阅读器等）和无线通信网络获取学习资源，可以自由与他人进行交流、学习。移动学习是知识经济社会人们教育需求和职业发展需求的反映，是现代社会人们工作流动性大、时间紧张的表现，是移动通信技术在教育中的具体应用①。因此，移动通信技术在信息传播上的使用就显得十分重要，移动通信技术的应用可以为成年学习者提供一个灵活高效的学习平台。

1.2 数字化学习框架理论基础及基本要求

电话通信可以与远距离的人进行谈话，然而，电话的功能已扩展了许多其他的特性，目前的移动通信设备结合了传统电话、短信、日记、无线网络，以及个人计算机的特点。早期对移动电话在传递教育内容的研究主要局限在移动电话的使用特点上，例如，非洲的一项研究表明短信息系统可以顺利在横跨欧非大洲的学生之间进行交流，日本的一项研究表明，日本的学生更喜欢使用手机完成电子邮件功能，当教学设计者为各门学科设计移动学习材料时，电子邮件自身也包括在学习范围内②。数字化学习在学习内容的设计上不同于移动学习学习内容的设计，这可能是由于多种因素造成的，使用计算机和互联网传授的课程只能够通过一个 12 ~19 英寸的屏幕观看，但电脑能存储大量记忆信息并且被作为主要媒介辅助课堂教学。从网上打印学习材料的行为不可能成为移动学习，通过移动设备提供的课程学习，有很多方面需要深入研究。由于没有时空的限制，移动学习为终身学习提供了新的理论可能性和技术支持③。

1.2.1 理论基础基本条件

设计数字学习材料需要结合教学理论作为支撑，即学习理论和教学设计理论。参照数字化学习材料的设计步骤，在设计数字学习材料时可以应用教学设计模式以确保学科知识被系统化设计，当为移动设备设计学习材料时可以使用同样的技术。目前，大部分学习理论广泛的应用是基于教学和学习发生在教室里的情况而设计的，这就不太适用于目前的基于移动环境的教学和学习过程。因此，需要构建数字化学习理论与之相适应。数字化学习理论构建需要考虑以下几点：

（1）学习者可以随时随地进行学习。

要具备基本的前提条件就是学习者随时在移动中学习，在这种情况下，学习者所学的知识不应该被限制在课程规定的内容。在不能通过电脑上网的情况下，如何

---

① 沈娅芳，丁革建．移动学习在现代远程教育中的应用研究[J]．远程教育杂志，2007，(4)：37 – 39.

② Thornton, P., & Houser, C. (2005). Using mobile phones in English education in Japan, Journal of Computer Assisted Learning, 21: 217 – 228.

③ 胡航，任友群．合法的边缘性参与下的 M – learning 共同体[J]．中国电化教育，2006，(9)：9 – 12.

获取资源进行随时随地学习，成为学生学习中产生的新需求①。当一个学习者在教室里学习了一个学习项目，他将项目知识带出教室，一旦带出去，非正式的讨论将与其他学习伙伴发生，这就需要重新复习和思考项目知识。当思考知识时，学习者可能需要通过互联网下载相关的资料对项目作进一步探究，这种情况下新知识就会形成，这种学习过程可以不停地进行，也可以递归进行，杜威的“生活即教育”教育思想就包含这层意思。

（2）需要考虑发生在教室外面的学习。

一项研究表明，51%的成人在正常情况下每天的学习发生或在家或在办公室里。虽然这项研究没有提供测量学习的界定，但该研究表明提高一定知识水平的学习已经发生。该研究还进一步阐述了学习活动发生在不同的地方，21%的学习发生在办公室等工作场所外面，5%的学习发生在户外，2%发生在朋友家里，6%发生在休闲的地方，14%的学习活动发生在其他地点，1%以传播形式发生②。这就表明一个事实：只有1%的学习过程发生在当学习者在移动时，表明移动学习不能等同于体育运动。该研究证明，随时随地学习活动可以发生在教室外面的任何环境中，这为教育学者提供了机会研究非正式环境中的正式学习。

（3）学习理论必须能够有效支持学习。

学习的成功取决于学习是否有效，有效的学习由四个要素构成：①以学习者为中心；②以知识为中心；③以评价为中心；④以学习社区为中心。以学习者为中心在教育教学过程中要始终把学习者放在中心位置。因此，在学习过程中学习者有责任去获取知识和建构技能。以知识为中心是处理课程知识的过程，把课程学习建立在验证知识的基础上，从而更加有效地教学。以评价为中心，在学习过程中更加对重视对学习者能力的评价，诊断学习者的学习问题并提供一些指导，可以有效帮助学习的成功。以学习社区为中心主要目的是促进知识共享和支持学习者相互学习。这四个要素有力支持建构主义学习理论关于学习过程的观点，即学习的成功不是一个人单一完成的，而是在个人努力与环境和学习社区的支持下共同完成的。

数字化学习理论也必须考虑泛在技术以及学习社区的影响，因为目前拥有移动电话的年轻人越来越多，学校及教育机构可以很好地利用学习者的移动设备以使他们能随时随地学习。教育专家和教学设计者可以利用这些设备传播学习内容。鉴于此，移动学习理论必须解决以下几个问题：

---

① 周济，宋浩，等．引入移动学习技术满足学生随时之需[J]．中国远程教育，2007，(8)：42－44.

② Vavoula, G., & Sharples, M. (2001). Studying the Learning Practice: Implications for the Design of a Lifelong Learning Support System in IEE (pp. 379－380).

①它是否与现有的课堂、工作场所甚至终身学习理论有显著区别？

②它是否考虑的学习者的流动性？

③它是否包含非正式和正式学习？

④它是否将学习看作是一个建构性的和社会化的过程？

⑤如何通过技术进行个人学习分析？

因此，在终身学习环境下，设计移动学习框架必须重视移动学习理论的构建。然而遗憾地是，至今还没有形成一个科学系统化的数字化学习理论。数字化学习理论与现有的学习理论有关，现有成熟的学习理论可以有效指导移动学习活动的设计。

1.2.2　理论基础构建

（1）思维型课堂教学理论。

课堂教学是学校教育教学实施的主要途径，也是教师的教与学生学习的一个有机整体。课堂教学中教师有目的和有计划地创设教学情境和组织学生开展教学活动，师生活动的核心在于思维，思维是促进学习者全面发展的基础，也是提高课堂教学质量的关键要素。胡卫平教授基于皮亚杰（Piaget）的认知主义理论、维果斯基（L. S. Vygotsky）的建构主义理论以及林崇德的思维理论，经过三十多年的中小学理论研究和实践研究，创造性地提出了思维型课堂教学理论[①]。该理论认为，在课堂上应以激发学生积极思维为核心，教学中以教师为主体，学习中以学生为主体，努力丰富学生知识，提高学生能力，培养学生态度。

思维型课堂教学理论包括动机激发、认知冲突、元认知、自主建构和应用迁移等五个方面的基本原理。动机激发阶段主要是引入问题和创设情境的过程，动机和兴趣在思维中发挥着重要作用，因为思维需要努力，没有主动积极的动机和兴趣驱动，难以获取有效的思维，而提出问题和创设情境就是动机激发的关键。认知冲突就是学习者发现自己的困惑或与以前经验和理解不一致的地方，认知冲突是激励学习者积极思维的一种有效手段，它可以促进学习者积极修正原有的概念框架，最终建构新知识；元认知的主要目的在于让学习者在学习实践中管理自身的思维，学习者努力寻找解决问题的有效途径或方法，并把这个过程作为一种习惯化的思维模式，学习者在这个过程中始终控制和管理自己的学习和思维；每一次学习活动结束，学习者都应该反思和总结自己解决问题的思维方法、思维策略、问题结果以及解决方法等。自主建构主要通过师生之间的互动或者学生之间的互动来建构教学环境，教师允许学习者通过与其他人协作解释自己的推理过程，总结经验和教训，讨论是自主

---

① 林崇德，胡卫平．思维型课堂教学的理论与实践[J]．北京师范大学学报（社会科学版），2010，(1)：29－36.

建构的最有效的方法，但讨论必须包括对论证过程的分析。应用迁移主要是应用所学的思维方法解决日常生活中的其他问题情境，培养学习者分析问题和解决问题的能力，最终提升其创造力，这就需要学习者自身训练思维质量，养成有效的思维习惯。

思维型课堂教学理论强调学习者通过思维提升对知识的理解深度，重视学习者围绕学习目标的积极思维和内在兴趣，主张在课堂上加强师生互动。一个好的思维环境是学习者积极思维的前提条件，在课堂教学中教师需要创设良好的教学情境来促进学习者积极思维。该理论基本要求之一就是在课堂教学过程中要根据学习内容创设带有目的性的科学学习情境，促使学习者主动进行知识建构①。学习者在信息技术创设的数字化环境中进行学习，教师可以利用信息技术创设的生动直观的情境激发学习者的学习兴趣，唤醒学习者与情境有关的原有知识和经验，根据刺激情境提供的信息与学习者的原有知识和经验的弥合程度，实现同化和顺应过程，最终达到对新知识的意义建构。

信息技术不再是帮助教师传授知识的手段和方法，而是用来创设数字化学习环境进行协作学习和交流服务的。信息技术可作为学习者主动学习、协作探究的认知工具。思维型课堂教学理论的具体操作程序是“创设情境－提出问题－自主探究－合作交流－总结反思－应用迁移”。思维型课堂教学理论对信息技术支持下的数字化学习情境创设的影响有以下四点：①在创设数字化学习环境中，教师应该采取民主的教学方式，平等对待每个学习者，建立以学生为主体教育理念，重点培养学习者的创新意识和创造能力；教师也应该鼓励学习者独立思维，敢于挑战权威，积极参与课堂活动并活跃课堂氛围。数字化学习情境支持学习者主动探究和自由学习，在数字化学习情境中学习者可以利用各种数字资源和信息工具完成学习任务，最终实现学习目标的要求，对学习目标的掌握可以达到理解、应用、分析和评价的水平。②数字化学习情境鼓励并支持学习者提出自己的疑问，教师应该积极应对学习者的各种疑问，包括正面的评价和负面的批评等。教师应该对学习者的质疑保持正面的态度，并引导学习者全面客观的表达自己的观点。教师可以利用信息技术支持学习者进行协作学习和讨论，通过网络学习平台、微信、QQ 等技术工具实现协作学习和在线对话。③教师在创设数字化学习环境中应该努力提出高质量的认知问题，高质量的认知问题可以引导学习者形成认识冲突，激发学习者积极思维。④教师在信息技术支持的情境教学过程中为了支持学习者主动探究和完成学习任务，在学习过程中要为学习者提供必要的各种数字资源和信息工具，这些资源可以是课件、视频、

① 胡卫平，魏运华．思维结构与课堂教学——聚焦思维结构的智力理论对课堂教学的指导[J]．课程．教材．教法，2010，30(6)：32－37.

动画等，也可以是网站、几何画板、仿真软件等。

（2）情境认知与学习理论。

情境认知与学习理论将学习者隐喻为“认知学徒”，重视隐性知识的学习，强调通过“活动感知”（Active Perception）为学生建构学习模式搭建抛锚式学习的支架、发展学生的自信心。情境认知与学习理论强调外部学习环境对于学习的重要意义。对于自然科学知识的学习，他们主张学生走进大自然，进行野外考察；对于社会科学知识的学习，他们主张学生走进社会，进行调查研究与访谈。但是，野外考察、调查研究与访谈等学习活动难以组织、成本较高，在一般的学校教育（尤其是基础教育）中开展得较少；另一方面，在学生走进大自然或社会进行考察、调查研究等学习活动时，知识的获取变得困难这大大影响了学习质量。现在，移动通信技术使随时随地获取任何知识成为可能，将极大地提高学习活动的质量。因此，移动学习为情境认知与学习理论提供了技术支持，情境认知与学习理论则为科学学习提供了理论基础。

情境认知与学习理论的基本内涵可以总结以下几点：①学习者认知过程的本质由具体的科学学习情境决定，情境是一切认知或学习活动的基础。②心理与环境的互动必须关注日常生活中的情境，只有在接近于真实的日常生活情境才能反映出个体认识的真实状况。③学习是在真实情境中的一种实践活动，学习者通过与情境中的实践共同体积极互动而改变自身的行为去适应环境变化，学习是实践共同体中的一种“合法的边缘性参与”。④允许学习者反思自己的学习过程。⑤重视学习资源和认知工具的运用。⑥强调学习者之间的协作和社会性建构。⑦教师要提供及时的引导和帮助。⑧提供真实性评价。

由此可以看出，情境认知与学习理论与建构主义学习理论在很多观点上是一致的，它们都强调社会文化背景对个体认知与意义建构的重要性，重视情境创设和协作学习，二者在教育实践中存在着部分暗合点，但是并不完全相同。情境认知与学习理论是对建构主义学习理论的继承与发展，建构主义关注学习者个体，情境认知与学习理论关注学习者个体与社会文化情境的互动关系，在这方面有自己独立的观点。另外，情境认知理论还关注自然环境中的认知过程。

图式理论认为，意识是学习的主要方式，意义储存在记忆中并从记忆中检索。意义在情境认知中通过意识和行为产生。意识和行为的过程创造意义，而不是从储存在大脑中的现象和图式来解读意义。基于这个认识，记忆通过与情境互动产生，记忆概念与知识和学习没有关联，记忆强调注意和意识，这就是意识学习。从情境认知的视角来看，情境认知不仅强调环境引起刺激反应，我们还要认识并利用教学环境中的相关信息。认知中的互动可以促使数字化学习环境向描述情境转移，解决问题主要依靠学习资源和学习者个人或小组。

从情境认知的视角来看，在情境学习中，互动是学习的动力之源，学习者在不同的情景中有不同的互动，甚至在相同学习环境中，学习者改变学习目的也会使情景发生变化。实际上这是学习代理和环境之间的互动，也就是智能化的过程。情境认知包含社会和文化成分，学习代理包括学习目标，潜在管理包括环境信息，尤其是提供相互支持的其他学伴。从情境认知的视角来看，需要我们重新界定学习、思维和智力。情境认识强调的不是记忆而是意识，知识不是简单地储存在大脑里，而是在具体环境里一种互动，这种互动是在智能化学习活动中才有意义。情景从广义上包括人、机器、设计工具、环境以及其他物体和代理，这些要素可以通过互动来解决问题。但情景也包括共同的文化、理解和动机。单纯通过传统的说教很难使学习者真正掌握知识，这就需要学习者参与相对比较复杂的真实活动。学习者的互动人际环境包括教师、学科专家和其他学习者等，知识通过交流建构的。知识是学习代理和环境之间互动的桥梁，因此，学习必须发生在学习者积极参与的真实教学情境中。学习者在真实情境中的学习可以意识到情境的意义，可以看到他们与日常生活（包括信念、目标和意图等）相关的情景。

从表面上看，情境学习在课堂教学应用中存在着不确定性，但可以肯定地是，它可以激发师生提升传统学校课堂教学效果。学校是一个实践共同体，在这个共同体里有正式学习和非正式学习行为发生，但学校里的学习行为不是情境化的，因为课程知识不是实践共同体，学习者需要在共同体创设的情境中获取知识。知识是由存储在大脑里各种碎片化信息组成的，这些信息需要教育者合理设计并组合，在教师环境中把这些静止和孤立的信息通过营造具体的情境有效传递给学习者。在科学教学中，学生没有经历真实生活经验，因此在创设数字化学习环境时需要认识以下三点：①拓展沉浸内容的重要性；②共同体的核心作用；③了解什么是可行的，什么做法是可以接受的。问题设计必须考虑学习者的学习动机和教学知识，而不是侧重用技术虚拟环境，任何问题的设计都需要选择合适的教学方法来提升学习。

情境认知与学习理论对数字化学习环境创设具有极强的指导价值，在创设数字化教学情境时，需要全面把握情境认知与学习理论的本质和精髓。总地来说，基于情境认知与学习理论的视角创设数字化学习环境应该考虑以下几个方面：①根据学习内容在生活中的应用情况，利用信息技术再现真实的学习情境；②利用信息技术为学习者提供真实的学习活动；③为学习者提供方便快捷的专家过程示范与方法指导，并有专家评价；④利用信息技术为学习者提供多种学习情境，允许学习者根据自己的经验和兴趣扮演学习角色；⑤利用信息技术支持协作性知识建构；⑥利用技术工具支持学习反思与交流讨论；⑦教师提供及时的学习支架和建议；⑧利用技术工具对学习过程和结果进行真实评价。

（3）活动理论。

活动理论起源于德国康德与黑格尔的古典哲学，形成于马克思辩证唯物主义和前苏联心理学的社会历史学派。活动理论强调活动在知识和技能内化过程中的连接作用，活动是个体意识产生的基础。活动理论关注以下几个方面：①实践活动本身；②人们在活动中使用工具的本质；③活动中人们之间的社会关系；④人与情境的关系；⑤活动的目的与意义；⑥活动主体或客体在活动中改变的结果①。活动理论的内涵为，所有的人类活动都处于人与自然环境和社会环境的双向互动中进行的，人类的学习与活动相互作用，并在个人与群体的实践过程中产生，文化工具是活动的中介，人的心理发展和实践活动是辩证统一的关系。活动理论的基本单位是活动，活动系统包含主体、客体、共同体、工具、规则和劳动分工等六个要素，其中主体、客体和共同体是核心成分，工具、规则和劳动分工是次要成分，次要成分是核心成分之间联系的桥梁。它们之间的互动关系如图 1－1 所示②。

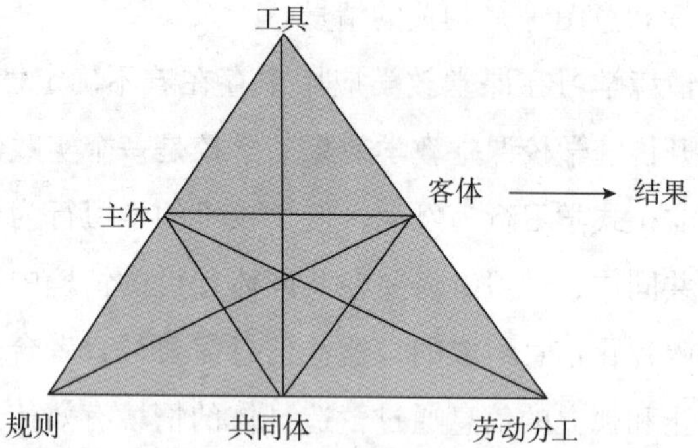

图 1－1　活动理论系统各个要素之间的互动关系

活动理论可为数字化学习环境的创设提供指导框架，活动理论重视实践，它的价值在于理论本身的精神内涵，可为教学设计提供一个描述性设计工具，随着信息技术的发展，活动理论与技术的结合会有效支撑终身教育和个性化教育。基于活动理论的精神内涵，运用信息技术创设学习环境时可以依据以下六个步骤进行：

第一，明确数字化学习环境或任务的目的：了解学习活动产生的相关情境，明晰学习者的学习动机及对学习活动产生的认知矛盾。

① ［美］D. 乔纳森主编．郑太年，任友群等译．学习环境的理论基础［M］．上海：华东师范大学出版社，2002：84－112.

② Engestro¨M, R. Learning by expanding：An activity－theoretical approach to developmental research［M］. Helsinki：Orienta－Konsultit，1987：361－373.

第二，分析学习活动系统：明确学习活动系统的参与者，界定学习活动相关的学习共同体，并明确期望达到的学习结果。

第三，分析学习活动结构：界定学习活动本身，把学习活动分解行动和操作。

第四，分析学习工具和中介：明确数字化学习环境中可以使用的技术工具、规则、模式或标准化方法，并明确情境中各个角色的作用。

第五，分析情境：分析内在或学习主体驱动的情境范围，界定外在或学习共同体驱动的情境范围。

第六，分析情境系统的动态特性：分析情境系统中各个部分之间的关系，包括学习共同体成员之间的互动关系及变化过程。

（4）联通主义学习理论。

联通主义学习理论是随着网络时代的发展而提出来的一种新的学习理论，网络时代促使人们的交流方式发生了巨大变化，网络技术的进步有利于知识的不断增长，这也同时缩短了知识的更新周期。处于互联生活中的每个网民都可以在各种网络平台上方便快捷地分享自己的知识，这位联通学习提供了基础条件。数字化时代促使人们的学习工具、学习方式和学习资源都发生了巨大转变，学校不在于唯一的学习场所，纸质教材不是学习者获取知识的唯一途径，基于网络进行合作交流学习已经成为人们获取知识的重要途径。加拿大学习者西门思（2005）[①] 在《教学技术与远程学习》中系统阐述了联通主义学习理论，他认为学习不是一个人的活动，而是连接专门节点和信息源的过程。联通主义学习理论的内涵可主要概括为以下几点：①知识是一个动态变化的过程；②知识是以碎片化方式传播于网络中，处于网络中的每个学习者既是这些碎片化知识的拥有者，也是这些知识的创造者，他们可以对这些碎片化知识进行创造、完善和批判等；③学习是一个连续的、知识网络形成的过程，这就需要建立人际交往关系和知识网络；④学习的重点不是学习内容本身，而是在于创建个人学习网络的行为中；⑤学习中的困难是因为缺乏做的过程；⑥重视联通中的节点，强调在个人学习网络中及时更新各个联通的节点；⑦学习中的创造性是学习者对现有思想和概念之间通过联通节点建立新的联系，并具备创造新知识的能力。

传统学习理论强调个体的学习活动，而联通主义学习理论不仅重视个体学习，还重视群体间的学习活动，这种群体间学习互动关注学习者的外部学习环境。联通主义学习理论关注合作互动网络情境的创设，学习者的认知过程所获得的知识和技能存在于学习者群体、认知工具和交互活动中，教师在创设数字化学习环境时不仅

---

① George Siemens. Connectivism：A Learning Theory for the Digital Age [J]. Instructional technology &distance learning，2005，2(1)：3 - 10.

要重视学习资源和网络学习环境的设计，更要重视学习活动和交互活动的设计，实现知识的联结、重组与创造，如图1－2所示。运用信息技术可以支持分布式交互和协作学习活动。在数字化学习环境创设时可以把学习环境视为一个系统进行设计，通过信息技术支持学习者之间的观点碰撞，通过技术工具使思维可视化[①]。基于联通主义学习理论的内涵，在利用信息技术创设数字化学习环境时可从以下几个方面考虑：①通过QQ、微信、神经网络模仿及虚拟实验室创设数字化学习情境；②通过网络、多媒体技术等共享资源，实现知识重组；③教师应根据社会发展灵活更新和调整教学内容、教学目标及教学方法，学习者可以在网络中容易接触到的机械性记忆的知识，教师应该允许并相信学习者可以自己掌握，教师应把教学重点放在更高级的教学目标；④在学习前提出明确的学习目的，支持学习小组形成自己的文化氛围；⑤协作活动中分工明确，支持学习者之间相互观察、反思与评价；⑥利用技术平台记录学习者的活动轨迹、学习成果，通过记录数据及时分析每个人的学习状态，提供学习者及时的个性化建议；⑦重视对学习成果的分析与评价，通过学习平台与其他学习者分享收获；⑧教授授课不应局限于教材，要加强自身学习，不断丰富自身的知识储备与教育教学理论，努力帮助学习者转变学习方式，指导学习者获取知识的有效途径，促使学习者建立自己的学习网络，进而实现对知识的创造。

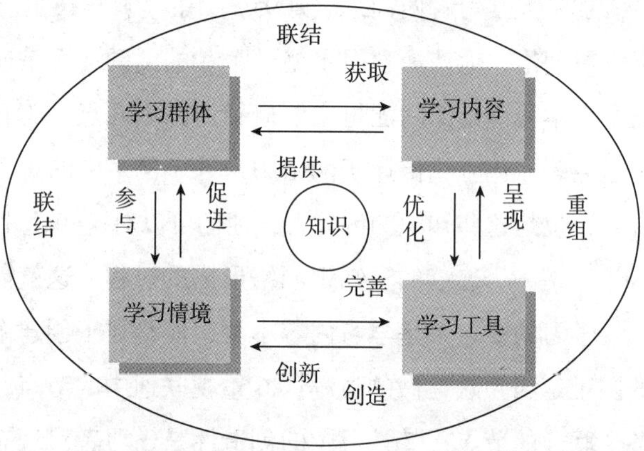

图1－2　基于联通主义学习理论的数字化学习环境构建

（5）沉浸理论。

Csikszentmihalyi（1975）[②] 首次提出了沉浸理论（Flow Theory），该理论主要解

---

① ［美］D. 乔纳森主编．郑太年，任友群等译．学习环境的理论基础［M］．上海：华东师范大学出版社，2002：122.

② M. Csikszentmihalyi，R. Graef. Sociallzation into Sleep：Exploratory Findings［J］. Merrill－Palmer Quarterly of Behavior and Development，1975，21（1）：3－18.

释人们在日常学习或生活中能全身心投入情境中的原因，该理论认为个体在全身心投入情境中时，注意力会非常集中，在此过程中会屏蔽所有不相关的知觉，

从而进入一种沉浸的状态，这种沉浸的状态被称为“Flow”（流）。沉浸理论的主要内涵有以下几个方面：①在沉浸开始之前需要集中注意力、目标明确，挑战难度要符合学习者已有知识和技能，活动要简单并很快使学习者上手，活动的趣味性可以吸引学习者；②在学习者进行实践活动时让玩家高度关注学习活动，保持行动与意识的统一，学习者能够感受情境时间的变化，并可以监控和控制活动进程；③通过学习活动可以激发学习者的探索欲望，主动接受和使用信息技术，自觉认识和控制自己的行为，最终促进学习①。

个体处于沉浸的状态主要表现为以下几个方面：①目标明确，规则清晰，学习者在已有的知识和能力范围之内可以完成学习目标；②聚精会神，注意力高度集中；③丧失时间感，忘记时间的快慢节奏；④对行动结果作出快速反应，对活动给予的奖励和惩罚能及时做出调整；⑤学习者自己可以掌控活动形式和进程；⑥活动对学习者具有较强的吸引力使其全身心投入活动中；⑦活动的价值让学习者愿意去实现；⑧丧失自觉，保持行动与意识的统一；⑨学习者已有的知识和技能通过努力可以应付挑战，挑战活动的难度要适当。沉浸理论最关键的要素是把握好挑战活动难度与学习者已有知识和技能之间的平衡关系，挑战太难会使学习者无法控制活动进程，进而产生焦虑和挫败感，挑战太简单会使学习者感觉单调乏味而失去学习兴趣。挑战难度和学习者已有的知识和技能关系如图 1－3 所示。

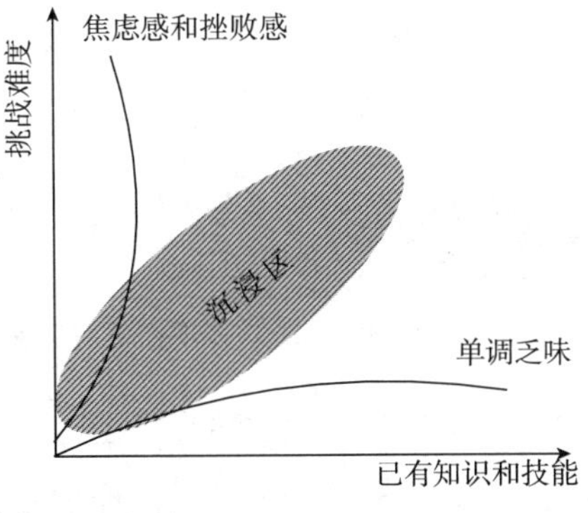

图 1－3 挑战难度和已有的知识和技能关系

通过图 1－3 可以看出，横坐标代表学习者已有的知识和技能，纵坐标代表学习活动的挑战难度。当挑战难度过低，学习者已有的知识和技能足以应付挑战，会使

---

① Kristian Kiili. Digital game－based learning: Towards an Experiential Gaming Model [J]. Internet and Higher Education, 2005, (8): 14－15.

学习者感到单调乏味，对学习活动逐渐失去兴趣；当挑战难度过大超过学习者的已有的知识和技能会使学习者产生挫败感和焦虑感，最终也会使学习者放弃学习活动。最合理的挑战活动应该保持两者的平衡处于中间的沉浸区内，沉浸区可以激发学习者的学习兴趣和动机，促使学习者完成学习任务，进而确保较好的学习效果。

在信息化教学中要想达到理想的学习效果，首先应该考虑使教学如何能够吸引学习者，尤其是一些基础水平较差的学习者，把他们的兴趣充分调动起来，并集中注意力，让学习者沉浸在信息技术支持的游戏化学习环境和虚拟现实学习环境里。在技术支持的虚拟现实环境里，深度沉浸的学习更容易获得满足感和成就感①。因此，基于沉浸理论利用信息技术创设游戏化学习环境把学习者带入一个接近于现实的复杂情境，这种沉浸式数字化学习环境既包括教学情境，又包括虚拟的现实生活情境。在沉浸式学习环境具体设计中应该从教学层面、行为层面和心理层面进行架构，构建一个由外到内的认知过程，从教学进入，启发学习者主动实践和探索，在沉浸体验中实现知识迁移。信息技术支持的沉浸式数字化学习环境体系架构如图 1 -4 所示。

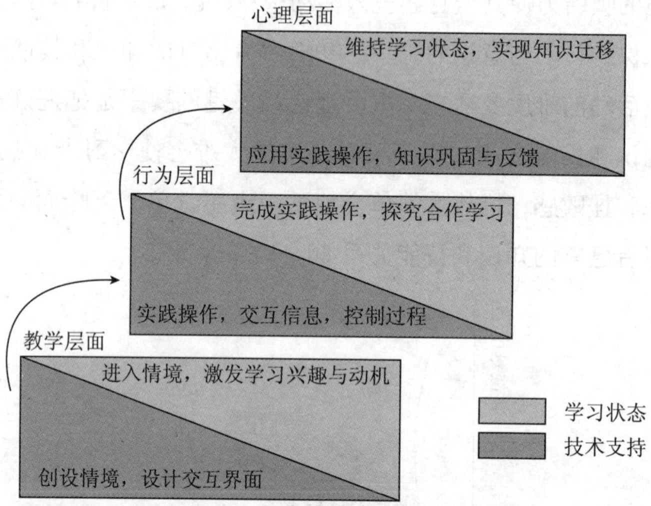

图 1 -4　信息技术支持的沉浸式数字化学习情境体系架构

通过图 1 -4 可以看出，沉浸式数字化学习环境创设教学层面入手，也是最基础的工作，这个层面里教师根据教学内容和学习者特征利用信息技术创设教学环境，设计交互界面，学习者进入学习环境，激发学习兴趣和动机。通过教学层面的引导，学习者跃迁至行为层面，在行为层面学习者在游戏化情境或虚拟现实情境里进行实践操作，通过技术工具交互信息和控制实践过程，在实践操作过程中可开展探究合

① Naming Shin. Online Learner' s' Flow' Experience: anAnempirical Study[J]. British Journal of Educational Technology,2006,(5):705 -720.

作学习，教师给予学习者适当的指导和帮助。经过行为层面的实践操作学习者跃迁至最高层面——心理层面，学习者通过练习与测试及时巩固实践成果，师生之间进行双向反馈。通过沉浸式数字化学习环境使学习者维持稳定的学习状态，最终实现知识迁移。

以上对思维型教学理论、情境认知与学习理论、活动理论、联通主义学习理论及沉浸理论内涵进行分析，在此基础上分别阐述了各个理论与数字化学习环境创设的方案。通过进一步对比分析，这五个理论之间有许多共同特点：第一，倡导以学习者为中心的教育理念，促进学习者高阶思维能力的发展；第二，重视学习者的实践活动，让学习者体验真实情境；第三，认同社会文化的重要性，注意营造适切的文化氛围；第四，关注学习共同体和实践共同体的建立，认同知识的社会性建构；第五，重视信息技术的支持；第六，提倡协作学习与互动交流；第七，强调要结合学习者已有的知识和经验。

1.2.3 技术基本要求

高等院校不是终身学习唯一的学习机构，终身学习是随时随地根据个人的需要发生。因此，为知识的获取提供移动学习途径是至关重要的，为终身学习设计移动学习框架也是必要的。在许多情况下，技术可以被看作是支撑学习的重要因素，但支撑学习的技术必须符合以下条件：①便携性：以便支持随时随地学习；②个性化：设计应该能够支持个别化学习，迎合个人的学习方式和适应学习者的能力；③人性化：学习者应该在没有技术支持下可以检索知识；④交互性：使与朋友、专家或教师交流；⑤适应性：学习的语境应该适应个人知识和技能的发展；⑥持续性：能够管理提高学习者的学习尽管技术本身的变化；⑦有益性：对学习者的日常生活有帮助作用；⑧友好性：学习者容易使用并对新用户不会造成学习障碍。然而，这些条件是不容易满足的，如便携性是指移动设备应具备重量轻、便于携带、不受网络覆盖限制等特点，但如果移动设备被带到没有网络信号覆盖的偏远地区就无法正常工作，学习内容无法通过网络下载，这就会影响学习质量。虽然网络覆盖问题在我国没有真正解决，但政府通过一个时间的努力会克服这些问题。

1.3 终身学习环境下数字化学习框架设计

1.3.1 框架的构成要素

数字化学习具有独特性，学习者不可能使用在线学习框架得到移动学习材料，在设计数字学习材料时应对移动设备的优点和局限性有清晰认识。终身学习环境下数字学习框架的构建有助于移动学习材料的设计和开发。本概念框架是在思考和借鉴诺基亚移动教育工程的基础上进行构建的（图1－5），该框架主要围绕四个方面进行设计，这四个方面主要是：①需求与局限性分析；②数字学习情境设计；③技术环境设计；④学习支持服务设计，数字化学习活动的设计为整个框架的核心①。

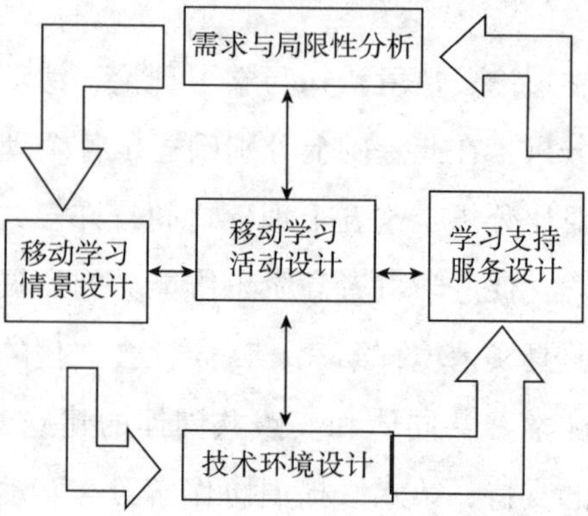

图1－5　终身学习环境下数字学习框架

需求和局限性分析通过研究移动学习两个层次的需求进行分析，即总体水平和具体水平。总体水平可以反映出移动学习的共同特征、移动通信技术在教育中的地位和作用、移动学习中潜在用户的动机和期望等。与此同时，具体要求分析了用户和用户的学习环境，它包括潜在用户的态度、技能、经验、学习方式、学习特点、学习动机、学习任务、学习障碍、移动学习情景、环境和影响因素等，用户的需求和影响因素会对学习效果产生重要的影响，这对移动学习活动的设计是至关重要的。移动学习情景设计对移动学习活动设计是非常必要的。移动学习情景可以在特定的环境中提供给学习者达到学习目标的各项学习活动，并支持学习者针对学习主题展开广泛的讨论，最后汇总各方面的讨论结果，这可以有效评估移动学习对增进学习者的动机水平的重要性。

数字学习技术环境也是影响移动学习活动设计的一个重要因素，技术环境主要由数据库、平台、网络和移动学习的其他技术组成。诺基亚移动教育项目使用的平台是MUPE（Multi－user Publishing Environment，即多用户的发布环境），该平台在Java上运行，并在大多数手机上使用。技术环境间接地决定了学习活动类型的设计，移动学习活动包括多媒体内容的表现，这意味着学习活动在移动学习平台上将被设计成文本、音频、动画、视频和3D等。设计学习活动可以用来鼓励学习者控制和选择学习内容。学习者也需要支持服务以增加自己克服学习困难的信心和能力，学

① Liu，H.，Salomaa，J.，Huang，R.，& Ma，D.（2008）. An Activity－Oriented Design Framework for Mobile Learning Experience in Fifth IEEE International Conference on Wireless，Mobile and Ubiquitous Technology in Education（pp. 185－7）.

习支持服务主要包括四个方面：①咨询服务；②混合学习服务；③培训；④学习社区服务。总体来说，该学习框架已考虑与学习用户、学习本身以及学习用户环境相关的所有必要因素。

穆罕默德等认为移动学习是在线学习的延伸，他们的研究主要是围绕设计理想的在线学习材料以适应移动学习设备的使用，为了适应移动学习设备他们提出了几个设计学习材料的关键因素，这些因素主要包括情景、用户、移动设备和连通性①。该研究也分析了移动学习应用情景，并探究学习者的学习特点及学习策略，同时也分析了运行移动学习环境所需具备的技术环境，比如连接速度、成本、移动学习运行的设备和平台等。帕森斯等也提出了一个移动学习的基本框架，该框架主要包括一般移动学习环境、移动学习情景、学习经验和学习目标等②。该框架是从他们成功的移动学习课程研究中总结出来的，该框架可用于移动学习材料的设计。该研究还指出，在设计移动学习框架时从确定学习环境到设计学习活动等具体步骤都要详细体现出来。因此，该学习框架具有普遍的适用性，其他移动学习框架都可以体现出该框架的特点和结构。

一般学习环境的构建主要包括可移动性、用户界面、使用媒体的多样性和通信支持等四个方面。移动学习情景的构建主要包括身份、学习者、学习活动、协作、时空和设施等六个方面，前四个方面可以作为移动学习情景主体要素，后两个方面作为移动学习的情景基础。身份主要是指学习用户自身和在移动学习中的角色，它可以明确学习用户在移动学习中扮演学习者角色或教师角色。学习者在学习过程中必须具备心理因素是学习情景设计的关键因素，比如学习动机水平、研究兴趣以及使用移动设备的经验等。

1.3.2 数字化学习框架设计

本研究提出的数字化学习环境下移动学习框架是在帕森斯的研究基础上设计的，本研究提出的学习框架主要基于以下四个方面进行设计：

（1）学习理论。

学习理论在教学材料的设计上起着重要作用，它决定设计材料的方向，并能反映学习材料的具体使用方法。因此，在框架设计中学习理论是非常必要的，建构作品与电子学习材料的开发是同步进行的，这方面与移动学习活动紧密相关。学习者

① Mohammad, H., Mohammad A., Hamdan, Z., & AboAli, A. (2007). A Framework for Mobile Learning Content Design, Paper presented in ICT – Learn 2007 Sixth International Internet Education Conference and Exhibition Cairo.

② Parsons, D., Ryu, H., & Cranshaw, M. (2007). A Design Requirements Framework for Mobile Learning Environments, Journal of Computers 2 (4) (pp. 1 – 8).

可以利用移动学习活动中获得的信息来构建新知识，但移动学习设备存在局限性，比如屏幕和输入键盘较小等，但这可以通过训练和练习得以克服设备的局限性，训练和练习具有行为主义学习理论的特点，通过移动设备进行训练和练习可以得到即时反馈，反馈本身可以作为一种学习动力并鼓励学生继续完成预期的学习任务。移动学习活动也支持学习者反思他们在教室里所学到的知识，反思会让学习者认识学习中可能存在的问题和困难。因此，认知学习理论对移动学习情景设计会起着非常重要的作用。

（2）一般学习环境。

在一般学习环境下可以收集学习用户的数据信息，学习用户可以分为两类：用户身份和学习者，因此收集数据需要来自这两个部分。一般来说，用户身份主要有核心用户或次要用户两种情况，利用移动设备执行学习活动的用户（如学生）就是核心用户，间接参与学习活动但在某种程度上担任角色扮演的用户（如学习内容提供者或老师等）就是次要用户。学习者的移动性和使用的学习工具也可以进行分析和评估，在此基础上，设计者可以根据分析结果设计出合适的用户界面、媒体类型和学习支持服务等，学习情景将成为学习活动发生的主要环境，比如模拟实验或社会真实的情景。移动性主要是指学习者和传播内容的移动性，学习者如何使用移动设备是移动性研究首先要分析的问题，分析学习者的移动性主要目的是了解移动学习用户扮演的角色和学习者的个人信息。

数字化学习环境必须重视用户界面的设计，众所周知，移动设备如移动电话的屏幕很小，即使 Iphone 或 Ipad 的屏幕尺寸也不大。然而，手机屏幕的分辨率越来越高，这可以极大减轻对学习者眼睛的伤害，但这还是不能弥补移动设备的不足。另外还要重视移动设备屏幕界面的设计，屏幕界面可以呈现信息以帮助用户有效完成学习任务，目前科技水平的不断提高，可以满足用户界面实现个性化设计，也就是说，设计的用户界面可以支持移动学习用户不同规模的社会互动。

（3）数字化学习情境。

通过技术获得知识通常视为工具支持的学习而不认为是通过媒体的学习，学习是学习者基于一定的社会文化情景，在与学习环境的互动中自我建构知识，强调外部学习环境对学习的重要影响和作用，主张学习要走进大自然、走进社会、进行野外考察、社会调研等[①]。因此，终身学习情景中的移动学习常常被用于学习活动前后的混合学习，把移动学习放到学习活动情景中会对学习效果会有极大提高。课堂

① 胡航，任友群．合法的边缘性参与下的 M－learning 共同体[J]．中国电化教育，2006，(9)：9－12.

教学方法和移动学习方法两者在许多方面是截然不同的，学生进行科学研究可以综合各种科学研究方法。学习者使用移动数字设备和他们的同龄人交往，做广泛的协同研究。在实际的科学研究环境中，移动设备能够帮助学习者进行讨论、交流笔记、探究事实和其他信息收集活动等。因此，移动学习的特色在于支持协作学习活动，学习者进行讨论、辩论及总结可以通过移动设备实现，这种协作活动可以是学生之间、学生和老师或学生和学科专家之间的协作活动。硬件设施也是移动学习情景的重要组成因素，因为大多数学习活动都需要移动设备和移动服务提供商的支持，数字化学习环境必须重视良好的管理和服务设计以及移动设备的设计。

（4）学习经验和目标。

学习经验主要是指学习用户在学习过程中体现出来的各种能力。学习框架设计不仅要重视自身的可用性目标，而且要关注设计对学习用户的影响，学习用户不仅需要有价值的框架系统而且也需要充满愉悦的、能积极参与的学习体验①。因此，娱乐性、用户满意度和学习动机等在移动学习框架设计中必须体现出来。除此之外，移动学习内容也应合理地组织起来，组织合理的内容可以让学习者加深对知识的认识，从而促进学生获得理性认识。组织合理的内容需要与学习目标紧密结合在一起，学习目标为任何形式的教学材料提供了认识方向，有了学习目标，可以获得反馈结果。如果以叙事的形式组织学习内容，学习者可以单独探索知识并直接参与学习，这样的学习方式可允许学生反思他们所学到的知识、总结学习过程，并逐渐获得一个有组织的结构化知识。如何让学习者参与学习活动是设计移动学习材料的关键，具有冲突和竞争性的学习活动会使学习者更感兴趣。终身学习理念下的设计数字化学习总体框架如图 1－6 所示。

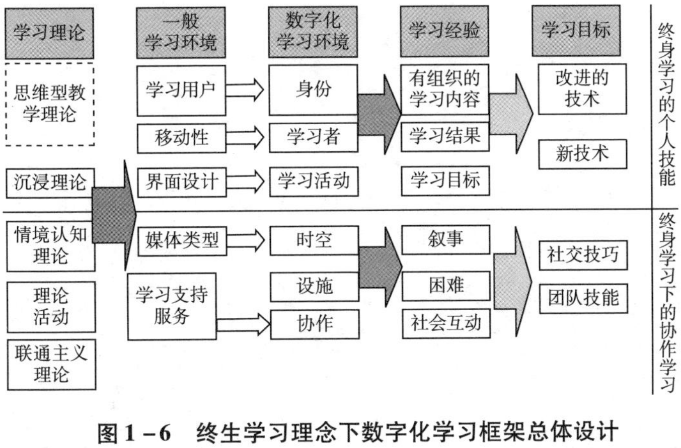

图 1－6 终生学习理念下数字化学习框架总体设计

① Preece, J., Rogers, Y., & Sharp, H.（2007）. Interaction Design: beyond human computer interaction（2nd ed）, New York: John Wiley & Sons.

1.4 本章小结

本研究讨论了设计和开发数字化学习环境的关键因素和要求，数字化学习理论是设计和开发移动学习环境的前提条件。该数字化学习框架的学习支持服务的形式主要有小组讨论、论坛和博客等。在该框架支持的数字化学习环境下，学习者将会提高技能、了解新知识、增强社交技巧和获得团队合作技能等。终身学习更多的是强调一种学习理念，而数字化学习更多地强调利用信息技术对学习需求的支持，但数字化学习与终身学习在理念层次具有一致性①。该数字化学习框架可为未来终身学习体系的设计提供技术支持，毕竟，终身学习是鼓励和满足学习者不断进行学习。

① 方海光，王红云，等．移动学习的系统环境路线图[J]．现代教育技术，2011，(1)：14－20.

2 在线学习框架和方案设计

利用在线网络学习平台调节各种社会关系和学习需求已经得到社会认可，并且已经自发产生了大量的网络学习群体，这些群体被称为在线学习组织。在线学习通过学习内容和知识的融合创造价值，在线学习者之间的联系和学习资源可以保持不同程度的强度和持久性，这是维持在线学习的基础。在在线学习社区的启动过程中需要考虑务实性和社会性两个方面。本研究在个案研究的基础上，分析在线学习网络框架和情境，并提出建设性意见。最终的目的为了解在网络虚拟学习环境中的强弱因素，并探索在什么条件下可以取得较好的学习效果，网络结构和构建水平是在线学习网络方案的两个关键因素。

2.1 概念提出

世界经济的迅速发展特别是知识经济的到来，使各种组织和机构逐渐认识到知识是一种战略资源，拥有它可以给自己带来持续的竞争优势。任何组织，不管是学术性的还是商业性组织都必须成为一个学术型组织，因为每个人将来的学习环境是动态的。在这样的学习环境中每个人必须对自己的学习负责，至少在一定程度上可以参与知识学习的过程①。

在企业领域，许多组织和机构应用知识管理来提高其工作效率和经济效益，并鼓励员工之间创造和分享知识。目前，在教育领域也存在同样的问题，各个学校在经济全球化环境下面临竞争和生存的压力，因此，为了更好地发展必须重新审视信息技术的作用。传统知识的价值在市场需求的影响下呈现多样化，因此，我们必须清醒地认识到传统学习中存在的问题，也要考虑终身学习的需求日益增加带来的新挑战。

知识创新的重点往往是在应用新技术产生的内容重组。教学和组织方面被逐渐淡化，信息技术和通信技术（ICT）在改善教学和新的学习组织模式的作用已得到明显体现②。远程教育起初主要关注是学习途径，随后开始更多的关注教育知识的传递模式，目前及未来关注的是努力通过技术手段重构传统面对面的学习环境，特

① Senge, P. (1990). The fifth discipline. London: Century Business:118 – 123.

② Griffiths, D., Hummel, H., Kearney, N., & Liber, O. (2001). Learning communities – pedagogical considerations and uptake issues, Prometeus Pedagogies Group Expert Meeting, Majorca, available at: http://www.iua.upf.es/~dgriffit/ (accessed June 2006).

别关注对正式学习环境的构建，运用信息技术通过客户端-服务器的方式重构虚拟的正式学习环境，大学或培训机构的学习者可以把它作为一种知识储存库。信息技术将来会以交流、对话与合作的方向发展，传统教育下正规的教室环境会发生变化，逐步利用互联网作为平台来调节不同层次的社会关系和学习需求以巩固教育的地位，并且会自发产生了大量的网络学习群体，这些群体被称为在线学习组织。在线学习组织之间的相互关系存在不同程度的强度和持久性，他们通过一定的信息资源来维持彼此之间的关系，有些组织是非正式的组织，几乎没有自己的资源。在线网络的概念随处可见，学术研究领域会经常涉及，尤其是在运用信息技术加强学习方面，在线网络可以通过网络学习社区的形式探索新的学习模式和学习方法，以体现自己的教育价值。

在线学习作为一种新的组织形式，可以通过政治和体制的层次建立自己的组织，能在组织间强化凝聚力和集体意识，可以催生新的、更好的培训和终身学习方式。例如，在欧洲，欧盟委员会的文件中已经多次提出相关方案，要建立一个广泛的多样化的在线学习网络，发动和组织在这一新兴领域通过信息技术来支持教育。建立和维持在线网络和学术机构、培训机构、公共研究机构、私人机构以及地方组织之间联系，是发展在线学习网络的关键。从在线学习网络的发展前景来看，它可以作为中间机构或者团体来加强彼此之间的关系，可以使有共同兴趣的人们一起研究计算机辅助学习的潜在优点和不足。这有助于认识在线学习网络环境中存在的强弱因素，并分析在什么条件下可以取得较好的学习效果。

在线学习网络框架可以为在线学习提供指导性意见，并通过例子来解释如何实施。这个网络框架并非只提供一个静态的工具来确定网络要素，而主要是为描述不同的变化要素间内在的相互影响和网络学习活动的推动提供一种方法。其主要目的是研究变化要素之间的关系对社会网络构建的影响，最终为了提高和共享学习者在利用信息技术提升学习方面的知识和经验。

2.2　在线学习网络案例分析

本研究所介绍的案例是在参与大学 Black Board 在线网络教师学习平台的基础上经过跟踪调查和分析形成的，该研究还考虑了在线网络学习过程中至关重要的两个因素——时间和空间的限制，这两个因素往往是要综合考虑的。另外，该研究对在线学习网络信息主要采取质的研究方法，因为这些网络信息主要包括设计的文档、在线互动、与在线网络学员的非正式交流以及学习成果等。本研究的价值在于为在线学习网络的实施与应用提供借鉴，对在线学习网络数据信息的定量讨论不是本研究的主要内容，该研究主要为确定学习价值和网络学习进程的问题表征方面提供一个框架，并为在线学习网络在信息技术如何促进学习方面提供一些可行的方案（图2－1）。在线学习网络的定量分析是一项复杂的任务，它必须在不同性质（计算、社会等）和网络关系结构的基础上进行①。因此，获取这些数据是非常困难的，在大多数情况下，现有的资料是零散和不完整的，尤其是在网络学习环境中。因此，本研究在现有资料和直接经验的基础上进行定性分析。

支持教师专业发展的网络已经在许多国家和地区建立，有些网络是由政府机构和专门基金项目支持构建的，还有一些网络政府机构和专门基金项目支持较少，主要在共同利益和自愿的基础上建立起来的，通常这些网络的技术基础设施极其简单。大学教师在线学习网络主要由学校教务处和人事处共同资助下建立并开始运作的，该项目的建立受到广大教师的热切关注，并积极参与项目学习中，并从中受益匪浅。

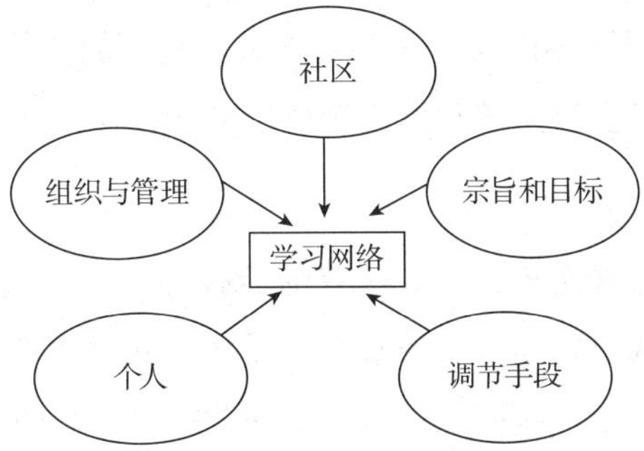

图2－1　学习网络进程的关键要素

2.2.1　宗旨与目标

支持教师专业发展的网络通常会包括在线教师培训活动，教师培训活动的目标主要是为了提高教师就信息技术和通信技术（ICT）在课堂上的创新和实践能力。我校为此实施了U－Learn教师学习项目，该项目的主要宗旨是构建在信息技术和通信技术（ICT）教学应用方面的优秀教师学习社区，并提供有效的学习课程，这些课程的重点讨论优秀教师在ICT教学应用方面的教学大纲，以及以学习者为主体的ICT协作学习活动的设计。教师网络组织很少建立在个人利益的基础上，它往往会在教师群体利益基础上确定主题。该网络把有兴趣通过专门的软件来促进各门学科学习的教师联系在一起，这样做的目的是让教师们交流思想、教学经验，提供启动相关主题的信息以及学生的建议等。

---

① Aviv, R., Erlich, Z., Ravid, G., & Geva, A. (2003). Network analysis of knowledge construction in asynchronous learning networks. Journal of Asynchronous Learning Networks, 7, 3.

2.2.2 组织与管理

学校资助的学习网络通常会形成一套适合自己的管理模式，它主要关注学习效果。我校 U – Learn 项目形成的分布式学习模式包含一个主办协调单位和若干个地方学习中心，地方学习中心传送主办协调单位提供的网络课程。该课程的学习策略是采取混合学习的方式：基于在线学习导师的虚拟学习社区（20 ~ 25 人）和定期面对面的交流。自发形成的教师网络通常以自由运作的方式进行（如申请和加入网站，查找资料等），它的管理机构相对较少，诸如对选定课题主持讨论的管理比较简单。

2.2.3 技术基础设施

在线学习网络技术基础设施会因为教师网络组织类型的不同会出现很大的差异，有明确组织的网络可以依靠计算机会议系统和网络服务运行，而非组织（和缺乏资助）的网络只能使用网络邮件列表或者公告板。我校的教师学习网络组织的技术基础设施主要依靠计算机会议系统和网络服务，兼顾使用网络邮件列表或者公告板。

2.2.4 社区

教师网络的组成通常比较合理，这有助于教师建立归属感和自信心，也可以共享知识与交流心得，从而提高自身的水平。其中最重要的作用是教师可以通过在线学习网络相互赢得信任，即便是个别的学员参与学习交流，他们也会取得很大的进步。

2.2.5 个人

在网络里交流信息和教学经验以及参与学习活动会存在一定的局限性，由于一些学员出于种种考虑成为长期的“潜水者”，也就是只看帖子不发言。这是不争的事实，主要是因为没有具体的手段来鼓励在线学员积极参与。在教师培训活动中，支持在线教师学员积极参与网络学习活动是一个必要条件，这既可以对学员可以进行实时的监督（主要由指导教师进行），也可以鼓励面对面的定期在线交流。

2.3 在线学习网络的框架设计

以上案例已经对在线学习网络的框架做了简要分析，并尝试概括在线学习网络的基本要素。本研究的目的在于设计一个框架，以明确影响在线学习网络的强弱关系元素，并探索在什么条件下在线学习网络是成功的。

一个在线学习网络的成功运行主要涉及三个要素：效果、效率以及满意度（吸引力）。效果可以被定义为在多大程度上达到了学习网络预定的目标；效率可以被看作是学习资源的利用效果，如学习者的学习时间、精力、社会运行成本等；满意度是指在线学习者学习情感反应的尺度（信任、个人参与、身份等）①。在线学习网络的成功取决于如何制定和平衡这三个要素。对这些要素的分析要考虑在不同地区和文化环境下三者之间的相互作用是有差异的，而这在在线学习网络进程中是至关重要的（图2－1）。

在线学习网络中首先要考虑的是目标和宗旨，有些在线学习网络可以围绕共同利益自我发展，而其他的学习网络可能需要明确目标和认真规划。一般情况下，值得我们关注的是，网络学习社区发展要围绕可明白的、具体的、可行的学习目标。有形的学习成果常常被作为网络学习的积极努力的目标，尽管不同学员对学习成果的兴趣不同。例如，学者们通常对输出的研究成果更感兴趣，如写报告、论文等，往往会研究出有价值的成果，而其他行业的人可能看重其他类型的学习成果，如原型、接触、展示等。这可能会在学习网络中产生负面影响，正如PROMETEUS存在的问题，清晰的目标可能对发挥学习者的创造力产生负面影响，但同时有助于刺激在线学习者完成目标，做好前景规划。

在线学习网络在现代社会应该成为组织发展必不可少的一部分，它会创造环境不断地促进组织发展，在创造环境时要把组织生活融入发展目标中，不断促进在线学习网络更加合理和关键，从而给组织发展创造价值②。这有助于把教师网络由单一培训转变成真正终身学习经验，并且通过一定的组织机构（例如学校、区域和国家中心）认可并支持这种转变③。

组织和管理是在线学习网络发展要考虑的第二个方面。网络管理具有促进和监督网络正常运行的作用，并确保社会稳定的功能。它包括许多因素，比如设计问题、可持续性的问题以及提供的支援和维护等。在欧洲许多有名的教师在线学习网络，如PROMETEUS和NoE，通常会有一个结构合理的组织机构，他们通过在线和面对面会议相结合的方式来管理的。即便网络管理由特定的组织和人员执行，但其管理目标和职能要向其所有的在线参与者和可能的协作学习者明确提出。随着PROMETEU支持学习服务经验的不断积累，管理者的目标应该是整个社会发展目标的组成部分。

一般情况下，启动在线学习网络的同时要投入一定的资源，这些资源应该是支

① Reigeluth, C. M., & Frick, T. W. (1999). Formative research: Methodology for creating and improving design theories. In C. M. Reigeluth (Ed.), Instructional－design theories and models (Volume II) A new paradigm of instructional theory (pp. 633－652). Mahwah, NJ: Erlbaum.

② Wenger, E., McDermott, R., & Snyder, W. M. (2002). Cultivating Communities of Practice. Boston, MA: Harvard Business School Press.

③ Bottino, R. M. (2003). ICT, National polices, and their impact on schools and teachers' development. In C. Dowling & K.－W. Lai (Eds.), Information and communication technology and the teacher of the future (pp. 41－47). Norwell, MA, USA: Kluwer.

持网络组建的组织机构和技术基础设施。对于结构合理的在线学习网络来说，自我发展需要一个过程，也是自己的唯一出路，但需要一定的时间，也依赖于该网络组织的发展目标。欧洲的 PROMETEUS 被资助 2 年，由于资助时间太短而无法建立真正自我激励和运行机制，因此还不能完全自我发展。NoE 被资助时间较长，它的发展和不同的学习活动和具体项目相关。持续发展的教师网络围绕教师的共同利益很容易实现自我发展，因此，对在线教师学员的管理方式较为自由，可通过较为简单技术基础设施进行有效管理。

在线学习中所使用的技术实际上也非常重要，这是在线学习网络发展需要考虑的第三个方面，它和在线学习网络的目标和组织联系紧密。现有的网络技术有同步传输（音频和视频会议、网络会议、聊天以及即时通信等）和异步传输（电子邮件、论坛、内容管理系统等）。在技术上可以设计出最佳的解决方案，在结构上我们可以把在线学习活动和面对面的交流结合起来，在时间上可以把同步互动和异步互动结合起来。这在教师网络的培训活动中经常采用的模式，互动工具不一定很复杂，因为大部分人往往喜欢选择他们很熟悉和日常使用的工具（E－mail 是使用最广泛的技术工具，它不仅有很大的使用数量和使用范围，而且大部分在线学习网络都会使用这种技术工具）。专业技术工具拥有的明显优势会得到广泛认可，技术基础随着社会的发展不断得到提升。如欧洲的 NoE，为了参与具体的学习活动，许多学员自发地组织在一起相互交流和讨论，这可以满足每个学员的学习需求和发展欲望，这也会极大促进网络基础平台的建设。因此，参与学习活动的过程也是不断地满足自身需求和提升自身水平的过程。关键要认识到，采用的技术对学习网络的目标和管理模式都是没有直接关系的，学习网络效果的改善不能只依赖其采用的技术。工具自身不会提高互动质量，但可以和其他因素结合在一起共同完成明确的学习目标。

组织结构、多样性、分组、社会互动形式等一系列问题对在线学习社区的成功起着关键作用。如学习活动参与者的异质结构表示有多种学习目标、文化背景和动机等，如果不仔细考虑和精心策划，这可能对虚拟社区有负面影响。信任也是社区一个重要的影响因素，它会产生持续的学习互动：社区的信任和其他学员的信任。社区的信任来自有价值的学习成果、对学员的奖励以及可靠的学习环境。其他学员的信任通过明确的学习动机、平均分工、各学员的参与以及面对面交流的机会等产生。如欧洲的 NoE，一些学员按照一定的目标（共同讨论的主题，联合项目等）创建一个社区的个体组织，提高其学习效率。因此，有着共同需求的虚拟学习组织和面对面的交流同样重要。

个人是社区的补充和深化，身份、私人承诺、奖励、学习动机和挫折都涉及学习者个人，我们可以依据在线学员的身份和学习动机信息的质量和数量不断增加不熟悉的在线学员间相互接触的机会。虚拟学习社区的发展通常会更多地依赖于个人的承诺和其学员的支持（其中很有限的一部分学员），这些学员的参与和支持应该通过各种形式和机制得到认可和奖励，对于奖励形式和机制应该在社区内部通过协商解决。许多在线学习网络存在学习背景、动机和目标的差异，这会导致在线学员参与学习活动与个人承诺的不对称，这就不利于虚拟学习社区的互动，如互动减少、相互指责、归属感降低等。因此，在线互动平台应该按照具体学习目标去认真搭建和实现。因为只有明确的学习目标才会得到有价值的学习结果。在线学员的声誉是学员关系重要的一个方面，声誉来自每一个在线学员的基本信息，而更重要的是，声誉建立在互动和开发网络学习内容基础之上的。

以上对在线学习网络的框架的分析表明，在线学习网络的分析是一项极其复杂的活动，它需要考虑与其相关的方方面面的问题，而有效平衡这些问题是在线学习网络成功的关键。寻求平衡并不一定意味着会解决矛盾和问题，但可以推动在线学习网络的发展①。如果在线学员组成的多样化，要想平衡其在线学员的利益，提出一个共同的目标是很困难的，这可能会导致在线学员出现挫折感以及归属感降低等。这些因素对在线学习网络的运行初期会有很大的影响，但当在线学员参与学习活动建立自己的声誉和形成具体的共同目标后，这种影响会逐步减小。许多在线学习网络需要时间来不断培养起来，也需要足够的支持和科学管理。培养时间的长短取决于问题、目标以及组织模式等。

NoE 网被欧盟资助了较长时间，这种资助专门用来促进各参与学习活动的组织和机构进行有效的整合和互动，但这种做法的问题在于整合会被学习组织视为“外在的东西”而不加重视，这就会导致学习组织不能发挥其创造性，也就不能有效提升自身的知识水平。在线学习网络的学员数量有限，学习目标明确，因此，以培训为导向的教师网络在理论上应该更容易建立和运行。然而，在线交流中过于狭隘的观点可能不会促使教师学员积极参与，长远看来，这也不利于在线学习网络的正常运行。

以上分析表明，以计算机为媒介的交流与会话是学习者之间共享知识和维持虚拟学习社区关系的基础。因此，在线学习网络可以共享知识，加强各学习机构、小组和个人之间的关系，从而提升学习者的知识水平。在线学习网络可以通过整合学习内容与学习者的知识和经验来创造价值，因此，学习者之间的关系、学习内容、学习资源和学习者的知识水平是在线学习网络顺利运行必须考虑的要素。在线学习

① Barab, S. A., MaKinster, J., & Scheckler, R. (2003). Designing system dualities: Characterizing a web supported teacher professional development community. Information Society, 19, 237 -256.

过程中需要考虑学习重复和心理紧张问题，这些问题可通过在在线学习网络中设置不同的学习方案来加以分析和处理。

2.4 可行的在线学习网络方案分析

可以把在线学习网络中可能出现的网络方案划分为两类：在线学习网络组织结构和构建水平。这两类之间的相互作用会构建不同的方案，探讨它们的相互作用可以概括出这些学习方案的主要特征。当然，这些方案并没有涉及任何特定的具体案例，也不可能应用到所有在线学习网络中，可以为理解在线学习网络的发展和运行提供参考，给在线学习网络的设计和研究提供帮助，他们可以总结经验，以便在分析和设计在线学习社区时可以克服随时存在的难题。图 2－2 提供了综合描述可行的在线学习网络方案，两条主线主要概括了在不同情况下的具体方案。

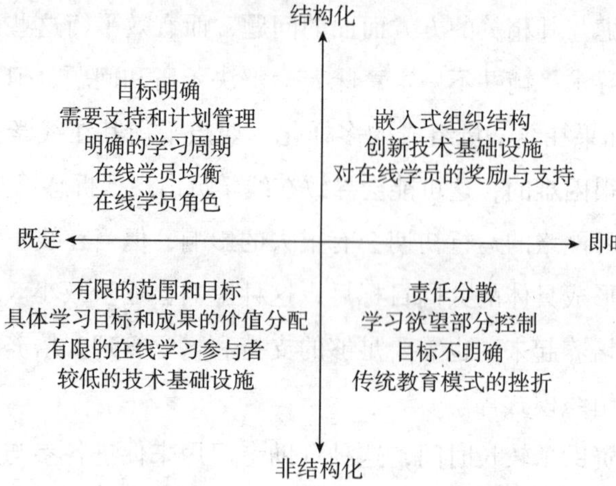

图 2－2 在线学习网络框架方案：组织结构及其构建水平

2.5 本章小结

在不同知识水平下，利用互联网作为一个平台可以有效调解社会互动与学习以逐步提高学习者自身的水平，这会引起众多的自主学习者和有计划学习组织，在线学习网络在这种趋势下逐步产生。相对于“离线”学习社区来说，计算机与网络技术支持的在线学习社区在时间和空间上更为广阔和分散，节点稠密，并拥有大量异构社会特征的学员。在线学习社区可以像信息通信工具一样提高学习者的社会交往能力，它可以使用适当的软件支持社区小组成员通信和交流，而在线学习社区更加强调协作学习方式而不是个别化学习。因此，在线学习网络在运行阶段必须要认真考虑其务实性和社会性，否则，会出现很多问题影响在线学习网络的持续发展。

3 在线学习环境中学习者之间的强弱关系

数字化学习集中关注在学习中如何利用学习者之间、学习者与指导者之间，以及学习者与学习资源之间的相互关系。因此，数字化学习表明学习发生和其他人相关，也和有序的学习资源相关①。这种数字化学习的观点，可以通过一种对话的方式用于数字化学习管理。对数字化学习的这种认识基于网络的开放程度，即网络环境中可能影响学习的组织规则。鉴于此，对网络学习的理解没有必要拘泥于任何特定类型的关系，无论是人与人之间或人与学习资源之间。比如，计算机和网络应用到教育中出现了目前两种最流行的网络学习方式：实践社区（CoPs）和计算机支持的协作学习（CSCL）。因此，在网络学习环境中对学习者之间在不同学习方式下形成关系的研究显得十分必要。

3.1 网络在线学习者之间的强弱关系界定

计算机支持的协作学习和实践社区强调在群体和协作的基础上建立强关系，这种强关系映射出这两种学习方式内部关系融洽和目标一致。这两种学习方式强调人与人之间的关系，这种关系不会因为网络、时间和空间的分离而受到影响。随着网络技术的不断发展，网络学习会更加重视人和客观形式之间的关系，无论是把网络和人连在一起的各种通信设备，还是通过人之间的关系被物化的网络资源，都会集中营造这种网络学习的强关系。网络社会是经过各种媒介、通过社会互动所形成的个人之间的复杂联系网，只有那些长于利用多种不同传播网络的个人或者组织，才会拥有更多的信息资源，因而他们也就有了更多社会资本和文化资本②。

在网络学习中，我们也要考虑到可能存在的弱关系和相对松散的学习群体组织，弱关系主要是指学习群体之间在学习活动中呈现的关系。因为在网络学习环境下，强关系和弱关系并不是独立存在的。强关系与弱关系是一对相对的概念，强弱关系可以以任何特定的关系并存。强关系在群体和协作的基础上通过网络学习群体内部各种学习现象体现出来，它包括各种网络学习形式和学习动力。在网络虚拟环境下的社会形式如同现实社会一样存在网络个人主义和集体主义。一方面，新经济体制

① Jones C. & Esnault L.（2004）The metaphor of networks in learning：communities，collaboration and practice. In Net – worked Learning 2004：Proceedings of the Fourth Interna – tional Conference on Networked Learning 2004（S. Banks，P. Goodyear，V. Hodgson，C. Jones，V. Lally，D. McConnell & C. Steeples），pp. 317 – 323.

② 吴飞．社会传播网络分析——传播学研究的新进路[J]．中国人民大学学报・哲社版，2007. 4：106 – 113.

通过全球性的网络整合在一起，并且日益体现出相互依存和合作的趋势；与此同时，人们的工作程序却日益体现出个性化。在这种社会发展趋势的影响下，在网络环境中如何处理网络社会与学习群体组织之间的关系成为一个突出的问题。网络个人主义可能对在共识和协作基础上形成的社区理论采取批评的态度，但不排除沟通和对话的可能性。本研究主要从在线学习者的视角来审视其在网络环境下形成的强弱关系，因为在网络环境下，不同身份和知识水平的在线学员以合作和共同体的方式进行工作。在这种环境中去审视实践社区群体之间的相互关系，有助于我们深入了解在线学习者通过网络交往接触过程中形成的强弱关系（图3-1）。

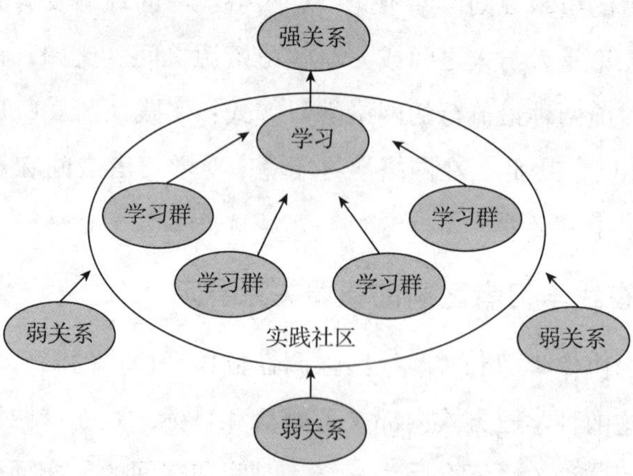

图3-1　实践社区内网络在线学习者之间形成的强弱关系

3.2　网络在线学习者之间弱关系的作用及有效途径

从目前的网络学习理论可以看出，在实践社区中所提出的强关系的概念和理论可能会忽视弱关系力量的重要作用。格兰诺维特在1973年提出了强弱连带优势理论，格氏提出强关系是群体内部连接的纽带，而弱关系则是群体之间的纽带。群体内部由于身份地位的相同性，导致信息的重叠；而由弱关系联系着不同的群体则掌握着不同的信息，弱关系充当着信息桥的作用①。他的这一理论在社会学中作为连接宏观和微观方法的一种途径。此外，他还认为，以前的网络学习理论提出的强关系主要是指那些小范围内的已经明确界定的群体组织。弱关系可以用来分析群体之间以及未界定的主要社会群体的社会活动。

3.2.1　网络在线学习者之间弱关系的作用

简而言之，这种弱关系在网络学习中是会起到积极和均衡作用而不是负面的或

① 罗家德. NQ风暴——关系管理的智慧[M]. 北京：社会科学文献出版社，2002：38.

不均衡的作用。因此，格兰诺维特并不否认某些面对面的关系的存在，但这种关系在网络学习环境中非常微弱，可以视这种关系为缺乏联系。这种弱联系就好比我们和邻居们见面点个头的关系，或者偶然在街头遇到一个卖报纸的人所建立的随机关系。因此，在工作学习中的朋友可能是一种牢固的强关系，而熟人就是一种弱关系。网络在我们的学习生活中出现很多年，但网络学习环境中形成的关系在面对面环境中依然存在时空的局限。在网络学习环境中也会关注个人的作用，每个人通过许多网络节点和链接联系在一起来建立彼此间的联系。网络由多种媒体组成，通过这些媒体可以形成各种类型的网络节点，这些节点可以是单个节点，也可以是小型、中型和大型机构的节点。因此，我们可以认为网络由单个节点组成，网络是个人的集合，无论是个人，团体还是机构，都可以通过网络节点体现他们特点。

弱关系在社会活动和积累社会资本方面已被确定为一个有利因素①。网络教育集中构建强关系，但也强调在网络群体之间可能被忽略的弱关系的构建，这些关系会明显增强网络的作用。网络学习的本质是网络是否用于远程或大规模的学习，而参与者无须亲临现场。网络学习者在实践社区组织内彼此之间会存在弱联系，这种学习社区如果由各个领域内有较高专业素养的教育领导者组成，那么他们要对专业领域群体组织和本职工作尽到基本的义务而不只是这个群体组织的学习者。

3.2.2 解决网络结构关系弱点的有效途径——网络对话和论坛

网络信息传播不是一个简单的线性传播模式，而是一个网状传播模式。网络链接的本质是网络结构的体现，它可以很好地分析网络社会的强弱关系②。网络地图的结构方法建立在活动的基础上形成的，但这种结构方法的一个潜在的弱点是网络链接的性质不能清晰地体现出来。例如，它可能是一个包括潜在链接的网络，这种链接虽然存在但可能尚未开发或不明显。潜在的链接包括在节点间互动的各种链接，但也可能包含如转载阅读之类的链接，我们可称其为潜伏链接，因为它在日常活动中没有表现出来。网络阅读会留下痕迹，如一篇日志，可以显示该链接的存在，但不能完全显示出该链接的性质。同样，历史链接的性质也是不会被记录下来，因为他们现在没被使用，虽然这些链接处于休眠状态，他们会保持较强的亲和力并极有可能被作为活动链接而再度启用，比如亲戚朋友之间的关系。由于网络结构存在潜在弱点，我们要努力通过一种方法清晰描述网络链接的性质，尤其要关注弱链接的性质。

---

① Kavanagh A., Rees D. D., Carroll J. M. & RossonM. B. (2003) weak ties in networked communities. In Communities and Technologies (eds M. Huysman, E. Wenger & V. Wulf), pp. 265 - 286. Kluwer, Dordrecht.

② Freeman L. C. (2004) *the Development of Social Network Analysis: A Study in the Sociology of Science.* Empirical Press, Vancouver.

对话与网络是解决网络结构弱点的有效途径，对话与在线讨论密切相关，尤其是在网络学习环境下学习来自对话。对话相对于网络结构关系来说，从某种程度上提供了一种方法去理解网络链接关系。科施曼认为，对话可用来探索自身和他人的本质不同，比如所有的演讲（甚至内部发言）都有既定的听众，网络论坛也具有这样的特点①。网络论坛可以使网络学习者之间建立关系，论坛可以支持在线交流，包括在虚拟学习环境下的交流②。网络论坛可以容纳不同类型有不同需求的学习者，因为在网络学习环境下学习者的心理特征、学习态度、知识水平等不一样。对话不仅可以使网络学习者建立关系而且可以深入了解对话内容。在线学习环境下学习者需要相互理解来满足自己的归属感，因为理解是区分自身和他人对话不同的基础。网络学习环境下学习者的身份是由其所在群体组织中的地位所确定的，因此，学习者必须通过对话的手段来满足自己的归属感，确定自己在网络环境中的身份。

言语沟通可以被看作是网络对话的一种方式，当对话者开始交流或是结束交流时，都会在网上留下明确的开始和结束时的标记。所有言论都是对话体，并且发言者会吸引一定数量的受众或读者，这些受众或读者会积极作出回应或接受交流内容，即便是独白式的话语也充满了对话的含义③。在线阅读的过程可以被看作是对话的过程，或者至少有对话的含义。如果论坛成员读了一篇帖子并对论坛活动产生了影响，即便他没有回帖，他就可以被认为是已经进入到学习对话中。

在线交流的优点就是可以让在线学习者利用大量的弱关系，这些学习者和同时上网的学员密切交流建立关系，往往和其他人不会建立关系。在线学习环境中弱关系的特点是发言者不会与收件人（受众）有密切的关系，因此，当这种关系基于弱关系而非强关系的交流时，在线学员之间的对话就很难保证顺畅。这种对话表明对网路环境中的言辞细节的分析，可以揭示在网络学习活动中学习者之间关系的性质。就弱关系来说，因为受众不了解对话的背景，通过对对话内容和风格的分析，有助于我们更好地理解在网络环境下弱关系的性质。

---

① Koschmann T.（1999）Toward a dialogic theory of learning：Bakhtin' s contribution to understanding learning in settings of collaboration. In Computer Support for Collaborative Learning（ed. C. Hoadley），pp. 308 – 313. Lawrence Erlbaum，Mahwah，NJ.

② McKenna C.（2005）Words，bridges and dialogue；issues of audience and addressivity in online communication. In *Education in Cyberspace*（R. Land & S. Bayne），pp. 91 – 104. RoutledgeFalmer，London.

③ Bakhtin M.（1986）Speech Genres and Other Late Essays，C. Emerson and M. Holquist V. W. p. 69. McGee. University of Texas Press，Austin，TX.

3.3 网络在线学习者之间强弱关系构建

作为一个教育管理者如何去判断网络学习环境中的强弱关系和应用于学习的网络链接结构关系呢？根据格兰诺维特提出的强弱连带优势理论，该理论从四个维度来测量关系的强弱：互动的频率、情感强度、亲密关系和互惠交换。这些特征虽然最初用来判断现实世界中面对面的相互关系，但它们也可以应用于测量虚拟网络关系。

3.3.1 网络在线学习环境下弱关系的特征

网络的结构关系类型会对每个维度存在一定的限制。我们在网络上学习的时间是有限的，并且情感密度和亲密关系比较低，但是当学习者在网络上在线讨论诸如“战争事件”这类有趣的重大现实话题时，在线学习者之间会建立信任关系，并且他们之间的情感密度和亲密关系会明显增强。这样的话题背景下在线学员互惠交换服务意识和水平得到改善，互动的频率也随之提高。网络实践社区里的在线学员可以自由选择并参加自己感兴趣的话题，学员之间可以知识共享和交流讨论，在良性互动过程中会形成一个相关群体组织，每个成员会积极参加组织活动，为提高组织影响力贡献自己的力量。在线学习者形成的弱关系通过一段时间的参与交流就可以显示出来，这种关系表现出以下特征：①在线学习时间短；②学员之间感情强度低；③学员关系不亲密；④在线信息交流和服务水平不对等。在线对话和论坛帖子的内容可以帮助我们分析了解网络学习环境下的弱关系，论坛帖子可以体现出在线学员对相关话题的思想观念，还可以体现自己对其他学员观点的认识和评价等。因此，网络学习环境下受众关系的研究是一项值得我们深入研究的课题，论坛帖子和对话有助于在线学员在网络互动交流中认识自己并定位自己，并且能和具有不同身份和知识水平的人进行交流，同时又在不断地提高自己的知识水平。通过对网络学习环境下影响弱关系维度的对比分析可以看出，知识共享相对来说和这些维度的关系密切。

3.3.2 通过互动和协作来构建在线学习者的身份

在线学习者根据相关话题建立互动关系，其学习活动是需要有明确任务和定位的，是在一定范围内建立在线互动关系，是否有主持的讨论是在线互动交流的一个重要特征。学习者可以利用在线视频在虚拟网络世界里真实展示自己，与其他学员协商讨论，在线视频可以清晰体现在线学员的身份特征，学员之间可以相互了解，在真实交流中增进感情。这种在虚拟空间里的真实身份是交流中最为重要的，这些在线交流的学员热衷于了解处于不同环境中的其他学员的身份，同时其他在线群体组织学员的身份信息也可以在在线环境中显示出来。不管参与学习活动的学员的身份是真实的还是虚拟的，他们的身份在虚拟空间里都可以被认定的。在线学员身份的存在不是来自当前的感觉、心理状态或知觉，而是通过在线的互动交流来认定的①。

网络的现场感和归属感对于在线学员是很重要的，因为在线学员都渴望在网络中有自己明确的身份和地位，这个身份即便在离线状态可以详细显示出来，也可以作为在线学员的历史对话记录。在虚拟网络世界里，学习者可以选择在离线状态识别其他在线学员的品质，可以在线讨论离线学员留下的个人历史信息和在线交流讨论的相关内容，在线参与学习活动的主题和互动情景是在线学习者身份构建的重要因素。在线学员身份是理解网络在线学习者关系的一个关键因素，同样，在一个学习社区群体组织里也需要重视学员的身份的构建。通过网络互动可以使分散在各地的在线学员参与学习活动，在线学员们可以利用各种网络媒体协作、讨论等，可以有效替代面对面的交流。现实的交流和协作到网络环境下变成远程交流和协作，这种环境下身份信息的构建更加依赖于远程互动手段来完成。

3.3.3 营造安全的网络文化环境，通过对话促进良性互动

在学习领域里对话可以展示自我，也可以帮助别人并为他人贡献自己的知识。由于对话形式和互动手段的不同，展示自我和帮助别人两者之间在线交流过程中也不可避免存在难以调和的矛盾，但令人欣慰的是，这两者的区别并不十分明显，为了营造一个安全可靠的网络在线学习环境，通过合适的理由和途径可以调和两者之间的矛盾，使论坛发帖者可以感到安心并能够自由发帖，我们需要通过相关专业知识来寻找合适的解决办法。比如，在线学习环境下我们要重视网络道德的建设，这目前也是网络学习环境下影响网络文本安全的突出问题，因为不是所有的网络信息都可以被利用的，网络上会存在和产生有害的不良信息。在对话学习环境里，学习者贡献自己知识的形式有所不同，但知识共享包含的内容存在许多信息，比如发帖者可以描述自己的学习状态和学习环境、目前的知识水平、获得知识的途径以及收获的知识等。因此，知识不是简单的网络上单向传输，它是经过在线协商和学习者个人选择过的，对话是在线学习者之间知识交流的基本手段，也是在线学习者之间关系构建的有效途径。

---

① Jones C. (2005) Who are you? The experience of working through an avatar. E – learning 2, pp. 414 – 425. Available at: http://www.wwwords.co.uk/elea/index.html (last accessed 26 October 2007).

第2部分

在线学习环境设计及应用模式

4 大学生媒介素养与网络信息素养现状调查

互联网正在逐渐改变着当代大学生的学习和生活，每天有成千上万的高校学生坐在电脑前打开网络浏览器或登录自己的账户，查阅学习资料或者交流讨论。学生可以讨论是否报名参加专门在线学习课程和辅导班等，或者同时参加在线交流和校内网络课程，比起过去，现在有更多的大学生可以在网络学习环境中随时随地进行学习。网络学习环境让今天的大学生可以更加方便地学习，而且可以选择自己的课余时间进行学习。当前大学生比较流行的在线活动是网络聊天、查看和发送电子邮件、网上购物、听音乐、浏览网页、游戏娱乐等。因此，今天的在校大学生的学习越来越依赖于网络，虽然大学生网络媒介利用率比较高，但是调查发现其学习动机却很低，娱乐、消遣目的占有很大的比例①。但经过深入研究发现，大学生使用媒介具有明确的目的性，对媒介的批判能力，对媒介的使用不够深入②。换句话说，今天的大学生不具备网络学习必要的媒介素养和信息素养，也就不能评价网络相关信息的有效性、可靠性、完整性和准确性，而这种素养对他们将来的学习和发展来说是不可或缺的。

高校学生可以自由进入大学虚拟图书馆，而这不是真正意义上的图书馆，网络成为主要的信息来源，因此网络信息素养对于依赖网络进行学习的学生来说尤为重要。学生通过对信息来源的感知来预测信息的可信度，然而感知信息的可信度并不意味着实际可信度。事实上，如果学习者认为获得的信息可以接受，那么他会认为这个信息来源也是可信的，这可以消除对信息感知的评估。对大学生来说，各种不同的文本、声音、图像、图形和其他可利用的网络资源良莠不齐地充斥在网络中，由于政府对这些信息缺乏有效的监管，一些网络信息素养不高的大学生可能会迷失方向，这就不利于他们的学习和生活。大学生是网络媒介接触的主体，他们的世界观和价值观会受到影响，所以大学生的媒介素养教育也值得关注③。本研究的目的是探讨大学生的媒介素养和网络信息素养的关系，以便于高校教师可以更好地提升和培养学生的网络信息素养。

---

① 徐永贵，刘成新．远程学习者媒介素养状况调查分析[J]．中国远程教育，2007(2)：52－56.

② 生奇志，展成．大学生媒介素养现状调查及媒介素养教育策略[J]．东北大学学报：社会科学版，2009，11(1)：66－70.

③ 张立国，杨娟．我国媒介素养教育研究的现状与反思[J]．中国电化教育 2011，(9)：4－8.

4.1 媒介素养与网络信息素养相关概念解析

4.1.1 媒介素养

媒介素养是指人们获取、分析、评价和传播各种媒介信息的能力以及使用各种媒介信息服务于个人的工作和生活的能力①。媒介素养主要用来教导和激发个人批判性分析各种媒体信息，减少对媒体的现实主义认识，增强对媒体的批判和质疑精神。媒介素养除了要掌握必要的技能外，更加强调精神层面的培养和升华，逐渐把人们与媒介的关系从被动转为主动，主动地用批判性的思维去考虑和理解媒介信息②。从媒介素养功能层面理解的话，媒介素养会对信息素养产生积极的影响。媒介素养教育通常包括以下四个方面：学习者对主流媒体的客观分析能力，即学习者对媒体的批判性态度；学习者对媒体宣传目的、观点以及技术知识的鉴别能力，即对媒体效能的认识；学习者在使用媒体检索信息时的自我效能感；学习者学习时访问媒体的频率。大学生的网络媒体素养可以通过分析学习者对网络媒体的批判态度、对网络媒体的认识、在网络信息检索时的自我效能感和在线访问网络信息的次数来体现。在大学课堂教学中可以针对以上四个方面用不同的方法对学生进行媒介素养教育，接受媒介素养教育的学生在利用网络媒体进行学习时会逐渐养成批判性思维习惯，这可以帮助他们清晰认识网络信息的相关性、有效性、可靠性、完整性和准确性，从而对网络信息作出正确选择。

4.1.2 网络信息素养

信息素养主要是指一个人识别、检索、评价、组织、有效创造、利用、交流信息处理问题的能力。根据美国图书馆协会的定义，网络信息素养是一个人能够鉴别有用信息并有有能力获取、评价和有效利用所需的网络信息③。网络信息素养不是一个新的概念，它与网络信息以及信息素养密切相关，与图书馆学科有着很深的渊源。传统的信息素养培训项目主要集中讲授利用图书馆资源、学术期刊数据库以及在线数据库所需的技能④。在这些培训中要求学生掌握的技能主要包括：教学生使用在线目录和电子数据库；区分不同的图书馆数据库；利用远程登录连接访问图书

① POTTER W J. Argument for the Need for a Cognitive Theory ofMedia Literature[J]. American Behavioral Scientist, 2004(48):266 – 272.

② 陈晓慧，王晓来等．美国媒介素养定义的演变和会议主题的变革[J]．中国电化教育，2012，(7)：19 – 22.

③ American Library Association. Presidential Committee on Information Literacy: Final Report. Sociation of College and Research Libraries Retrieved September 15, 2009[EB/OL][2014 – 03 – 15]. http://www.ala.org/ala/mgrps/divs/acrl/publications/whitepapers/presidential.cfm, 2012 – 11 – 1.

④ SECKER, J., BDEN, D., & PRICE, G. The Information Literacy Cookbook: Ingredients, Recipes and Tips for Success[M]. Oxford: Chandos Press, 2007.

馆数据库系统；解释和引用文献记录；针对学习主题选择最为合适的数据库。随着可利用网络信息的爆炸性增长，信息素养不再只是图书馆一个学科的问题，而成为许多相近学科共同关注的话题，比如教育学、传播学等，信息素养包括了更深层的含义，主要体现在一个人是否具有批判性地分析和反思各种传播媒体所承载的文本信息的能力。喜欢通过网络进行学习的大学生会频繁访问和使用在线图书馆资源，这表明大学生为了完成学习任务更多地依赖搜索引擎和互联网，高校学生为了更好地提升自身的网络信息素养必须熟悉网络信息检索方法。

4.1.3 信息检索

具有较高网络信息素养的搜索者可以以最快、最方便的途径优先访问网络信息。信息的有效性原则认为，个人获取信息的效率比信息质量重要，许多人依靠信息源（包括大众传媒）作为提高他们工作和学习效率的手段（即快速获取更多的信息资源），而这些信息的来源不是像大学图书馆这样正式的信息源。网络信息搜索者一般使用百度、Google 或 Yahoo 等常见的搜索引擎，他们在使用时只关注链接在第一页或第二页的信息搜索结果①。这表明学习者在查询信息时最有可能从最简单、最方便的信息来源中搜索信息，在这种情况下，学习者访问信息的质量在很大程度上取决于信息搜索的质量。

大学图书馆数据库的信息是相关学科专家经过精心挑选的可靠信息，但网上的信息是没有经过过滤的，相关信息的数量远远超过了信息检索者所需要的信息。在推进开放网络信息交换的同时，网络信息可信度的问题显得至关重要，并日益成为网络的突出问题。影响网络信息可信度的因素主要体现在以下几个方面：缺乏同行的审查和监管；出版成本低；信息作者匿名署名；信息更新速度快。这些因素增加了网络信息的不可靠性、不完整性和片面性，甚至使会误导学习者。因此，高校学生在网络学习中需要具备批判性思维能力，对网络信息进行批判性选择。

4.1.4 信息可信度评价

网络信息一旦被检索出来，学习者要凭借经验对获取信息的可信度进行评价，通过评价结果来确定是否使用这些信息。然而，经验评价信息的可信度和信息实际的可信度之间是有差别的。经验评价信息的可信度是建立在对各种信息源、媒体和信息元素的主观感知基础上的，它与信息的实际可信度有明显的差别，信息的实际可信度主要取决于专业技能和知识。在现实学习中，当学习者意识到他们知道的知

① JONES, S., JOHNSON - YALE, C., MILLERMAIER, S., & PEREZ, F. S. Academic Work, the Internet, and U. S. College Students[J]. Internet and Higher Education, 2008(11):165 - 177.

识和需要的知识之间存在差距时，学习者就会检索新的信息来尽量减少这种认识差距。在这种情况下，检验信息的质量就会显得非常重要，但实际上由于学习者缺乏对相关专题信息的充分认识而无法保证信息质量的有效性。大学生在课堂学习中会获取和学习主题相关的许多信息，但在学习过程中他们缺乏充分认识和选择这些信息的能力。

学习者登录网站不会严格依据网络信息评价标准来选择信息，而是根据网站的设计来取舍信息。因此，学习者关注网络信息往往会受网站表面设计形式的影响，而与网站内容关系不大，这些影响因素主要是信息的组织形式、导航策略以及网站设计的专业化程度等。学习者通过搜索后对比选择出比较满意的信息并不意味着这些信息的可信度较高，但这些信息可能与学习者已经拥有的知识和经验的相关性较大。然而，网络信息素养则要求学习者利用批判性思维来评价网络信息的可信度。

4.1.5 网络信息素养的评价标准

网络信息素养的评价标准主要包括以下两点：一是验证网络信息的相关性、有效性、可靠性、完整性和准确性；二是正确识别作者及作者的信息。这些标准与网络信息素养的定义是一致的。信息检索者了解和利用这些标准将有助于有效识别和评价网络信息，从而提升自身的网络信息素养。一项关于网络信息检索的研究认为，有37%的网民由于缺乏对网络信息来源的正确识别而拒绝认可网络信息，有47%的网民认为网站太过于商业化而拒绝认可网络信息[①]。在网络环境中，当信息说服的意图过于明显时，其信息的可信度评价就会降低，对信息持有怀疑的用户会积极去验证信息的可信度。学习者在搜索网络信息的过程中会访问相同主题的许多网站，通过不同网站信息之间的比较选择出可信度较高的信息，那些提供健康信息的正规门户网站更会得到学习者的信任。对信息源的选择性和批判态度有助于培养学习者的网络信息素养，包括对网络信息和媒体信息的怀疑也是网络信息素养培养的重点内容。

4.2 大学生网络媒介素养对信息素养的影响分析

在实际的学习生活中，高校教师可以通过培养大学生对信息源（主要是指媒体）的批判性思维能力来培养其网络信息素养，但是需要教师正确引导大学生的网络学习方法，不断提高大学生对网络信息的批判性思维能力。发展批判性思维能力

① FLANAGIN, A. J., & METZGER, M. J. The Role of Site Features, User Attributes, and Information Verification Behaviors on The Perceived Credibility of Web - based Information [J]. New Media & Society, 2007(2):319 - 342.

和其他知识和技能一样与具体学科领域相关，并且批判性思维不容易在不同学科间相互转化，这与学科之间思维方法的差异有关①。批判性思维能力是信息素养内在要素不可缺少的一个方面，对于网络媒体而言，大学生批判性地思考网络媒体承载的信息是培养其信息素养的有效途径。

4.2.1 研究问题的提出

媒介素养和网络信息素养都强调的是学习者是否能够搜索有效的信息，而这主要依赖于学习者自身的网络学习经验和对信息源的认识。大量触手可及的网络信息无法保证满足学习者的真实需求，有着较丰富网络学习经验的学习者搜索到网络信息的可信度就较高，网络学习经验与信息素养之间存在密切联系。媒介素养通过信息需求定位、创造和解构媒体信息活动积累网络学习经验，从而提升学习者的网络信息素养。另外，学习者在网络学习中的自我效能感也会影响网络信息的可信度，在网络学习经验相同的情况下，对自己信息搜索技能有信心并且态度积极的学习者会获得更有效的网络信息。媒介素养可以通过影响学习者的媒体期望值来控制媒体的影响和完成学习任务。因此，媒介素养对网络信息素养教育的影响可主要围绕以下五个问题开展：

问题1：对媒体持批判态度是否有利于提升学习者的网络信息素养？

问题2：对媒体传播效果的认识能力是否会影响学习者的网络信息素养？

问题3：网络在线访问次数越多是否可以提升学习者的网络信息素养？

问题4：网络在线访问次数越多是否有利于网络学习者自我效能感的提升？

问题5：在网络信息搜索上具有较大的自我效能感是否有利于提升学习者的网络信息素养？

4.2.2 研究方法

本研究根据研究问题制定相应的测试量表，通过在线问卷调查收集相关数据，对搜集的数据利用SPSS统计软件作进一步的相关分析，通过方差分析、因子分析和多元回归分析得出这些调查数据的统计学意义，从而揭示媒介素养与网络信息素养之间的关系，以验证研究中提出的假设。

4.2.3 研究设计

参与本次在线问卷调查的是大学在校本科一年级2012届学生，这些学生分别来自计算机科学与技术、数字媒体技术、电子信息工程和电气自动化专业，共412名

---

① BOK, D. Our under Achieving Colleges[M]. Princeton, NJ: PrincetonUniversity Press, 2006.

学生，女生占42%，男生占58%，平均年龄19岁。该网络问卷调查是在学生学习“大学计算机基础”课程中进行的，经过测试和数据筛选最后有368个学生严格完成了本次调查，调查成功率为89.3%。本次调查主要针对学生在课程学习中检索网络信息的实践活动以及评价网络信息的可信度等内容展开的，问卷测试题都是选择题，在调查问卷中把网络信息检索的自我效能感、对网络信息的批判态度，以及媒体效能的认识作为独立变量进行研究，把信息素养作为因变量作为研究，每个变量设置相应的测试量表，从而深入分析他们的媒介素养和信息素养之间的关系。从本门课程学习花费在信息检索的时间来看，大部分同学都在20小时以上，平均时间为22小时，占课程总体正式学习时间的47.8%。

4.2.4 研究实施及数据分析

(1) 独立变量分析。

媒介素养目前还没有较为成熟的评价标准，因此本研究在总结以上理论分析的基础上设置相应的题目来测试学习者，通过学习者的感知和真实回答获得对媒体效能的认识。媒体效能认识量表（*Ave.* = 0.66）从五个方面进行测试，每个项目设置七个回答选项，从强烈反对（1分）到完全同意（7分），满分为7分。学习者在学习完章节内容之后可以根据自身对媒体效能的感受，客观认识和评价媒体效能，量表中的问题比如“媒体对个体的行为会产生影响”和“媒体信任：我们所认识的世界往往来自媒体而不是真实生活”（完全同意/同意/部分同意/中立/不同意/一点都不同意/强烈反对）。对该量表测量出的数据进行旋转方差分析和因子分析，媒体效能认识分析结果如表4-1所示。

表4-1 媒体效能认识量表的方差分析和因子分析结果

研究项目	*Ave.*	*Mean*	*Sd.*	*Num.*	特征值 *E.* 与影响因子载荷值 *F.*
独立变量：媒体效能的认识	0.66				2.21
媒体要对自己的提供的信息负责		5.21	1.41	362	0.54
媒体可以控制信息的主要内容		4.52	1.53	360	0.54
媒体对个体的行为会产生影响		5.81	1.21	368	0.8
媒体宣传会影响我们对现实世界的认识		5.68	1.29	365	0.81
媒体信任：我们所认识的世界往往来自媒体而不是真实生活		5.2	1.31	368	0.58

通过分析数据可以看出，媒体效能认识的特征值 *E.* =2.21。“媒体宣传会影响我们对现实世界的认识”的因子载荷值 *F.* =0.81，“媒体对个体的行为会产生影响”的因子载荷值 *F.* =0.80，这两项得到学生较高的认可度，可视为高效能的认

识；剩下三个测试项目的因子载荷值分别为0.54、0.54和0.58可视为低效能，这样的测试结果比较符合学生实际学习状况，得到了测试者较高的认可。

对网络信息的批判态度量表主要了解大学生在课程学习中对网络信息的批判意识，这种批判意识是来源于大学生在学习中的质疑精神，网络信息良莠不齐，需要学习者敢于否定网络信息，从而作出正确的选择。在使用这个量表进行测试时，学生已经在学习中大量浏览了网络信息，并具备一定的鉴别信息的能力。该量表最初主要包含9个测试项目，每个测试项目也是设置7个应答选项，从强烈反对（1分）至完全同意（7分）。对该量表测量出的数据进行旋转方差分析和因子分析，对网络信息的批判态度分析结果如表4－2所示。

表4－2 对网络信息的批判态度量表的方差分析和因子分析结果

研究项目	*Ave.*	*Mean*	*Sd.*	*Num.*	特征值*E.*与影响因子载荷值*F.*
独立变量：对网络信息的批判态度	0.94				3.12
网络信息一般来说都是真实的		2.6	1.22	361	0.92
我们能够依赖网络得到学习问题的真实答案		2.26	1.13	359	0.89
网络信息可以告诉我们真实的信息		2.03	1.12	368	0.93
在的网络信息中图片和视频是展示内容不可缺少的一部分		2.38	1.11	368	0.96
大多数网络信息可以提供给学习者必要的信息		2.51	1.23	368	0.92
我相信学习内容是有充足的网络信息量		2.84	1.33	359	0.96
多次在线访问网络信息，我相信我得到了准确的信息		2.46	1.24	361	0.89
网络媒体仅仅是给网民信息的		2.01	1.08	360	0.35
网络是一个非常可靠的信息源		2.12	1.11	362	0.38

表中的*Mean*为各个项目的平均值，*Sd.*为方差值，*Num.*为受测人数。通过分析数据可以看出，“网络媒体仅仅是给网民信息的”和“网络是一个非常可靠的信息源”的因子载荷值*F.*分别为0.35和0.38，这两项因子载荷值太低（<0.40），难以体现学习者对网络信息的批判态度，因此需要把这两个项目剔除出测试量表。最终可以保留7个测试项目在该量表中，其他七个测试项目的因子载荷平均值$F.=0.94$，说明可以有效测试出学生对网络信息的批判态度。

媒介素养教育的主要目的是增加学习者使用媒体时的自我效能感，提高他们在使用媒体获得有效信息的信心，这有助于提升他们对媒体学习的主动性和积极性，因此对学习者在网络信息检索时自我效能感的调查就显得十分必要，这有助于客观了解大学生的媒介素养。网络信息检索自我效能感测试量表包含5个测试项目，每个测试项目也是设置 7 个应答选项，从强烈反对（1 分）至完全同意（7 分）。对该量表测量出的数据进行旋转方差分析和因子分析，对网络信息检索自我效能感分析结果如表 4 – 3 所示。

表 4 – 3　网络信息检索自我效能感量表的方差分析和因子分析结果

研究项目	*Ave.*	*Mean*	*Sd.*	*Num.*	特征值 *E.* 与影响因子载荷值 *F.*
独立变量：网络信息检索的自我效能感	0.91				3.67
我确定我能够找到我需要的网络信息		5.41	1.21	365	0.85
我确定我能够剔除那些误导学习的网络信息		4.87	1.51	368	0.91
我确定我能够搜索到和学习主题十分相关的网络信息		5.37	1.26	362	0.78
我确定我能够剔除那些已经过时的网络信息		4.92	1.49	365	0.85
我确定我能够剔除那些不精确的网络信息		4.83	1.51	365	0.9

通过分析数据可以看出，这 7 个测试项目的因子载荷平均值为 *F.* =0.91，特征值 *E.* =3.67，这说明该量表的主要组成比较合理，得到测试者较高的认可。

（2）因变量分析。

从网络信息素养的评价标准来看，主要看学习者评价网络信息的相关性、有效性、可靠性、完整性和准确性，以及是否鉴别作者和作者的信息。本研究把网络信息素养作为因变量来观察，深入分析媒介素养对网络信息素养的影响。根据网络信息素养的评价标准，该信息素养量表包含 7 个测试项目，每个测试项目也是设置 7 个应答选项，从完全不可以（1 分）至完全可以（7 分）。对该量表测量出的数据进行方差分析和因子分析，对网络信息素养的分析结果如表 4 – 4 所示。

表 4 – 4　网络信息素养量表的方差分析和因子分析结果

研究项目	*Ave.*	*Mean*	*Sd.*	*Num.*	特征值 *E.* 与影响因子载荷值 *F.*
因变量：网络信息素养	0.85				3.89
网络信息的作者是否可以被鉴别出来		5.4	1.44	359	0.88
是否可以得到作者的联系信息		4.69	1.65	359	0.86
是否可以鉴别作者的专长和研究方向		5.57	1.32	359	0.84
是否理解作者转载网络信息的目的		5.04	1.51	367	0.82
是否可以客观评价当前获得的网络信息		5.96	1.06	366	0.91
网络信息是否能被其他的信息源检验		5.81	1.23	366	0.92
网络信息是否可以代表一种观点或事实		6.05	1.11	362	0.83

通过分析数据可以看出，这 7 个测试项目的因子载荷平均值为 *F.* =0.85，特征

值 $E.=3.89$，其中“网络信息是否能被其他的信息源检验”和“是否可以客观评价当前获得的网络信息”的因子负载值分别为 0.92 和 0.91，说明学生具备较高的网络信息素养，这也说明了该量表的主要组成比较合理，得到测试者较高的认可。

4.2.5 研究结果分析

综合上述数据分析结果，本研究结合学生的总体特征用多元线性回归分析法来检验研究开始提出的问题，媒介素养与信息素养关系的多元回归分析结果如表 4－5 所示。

表 4－5 媒介素养与信息素养关系的多元回归分析结果

媒介素养	网络信息素养		
	β	$F.$	p－level
对媒体持批判态度	0.32	6.38	0.017
媒体效能的认识	0.23	5.03	0.015
网络信息检索的自我效能感	0.29	5.24	0.021
在线访问网络信息的次数	0.12	2.35	0.054

首先利用线性回归分析验证问题 1、问题 2 和问题 3，表 4－5 可以分析媒体效能认识、对网络信息的访问次数这两个独立变量与因变量信息素养之间的关系。整体上来看，学习者对媒体持批判态度是有利于提升其网络信息素养（$\beta=0.32$，$F.=6.38$，$p-\text{level}=0.017$），这说明问题 1 是成立的；通过回归分析可以看出，学习者对媒体效能的认识与信息素养之间存在正相关性（$\beta=0.23$，$F.=5.03$，$p-\text{level}=0.015$），这表明问题 2 也成立；在线访问网络信息的次数同网络信息素养之间也存在正相关性（$\beta=0.12$，$F.=2.35$，$p-\text{level}=0.054$），这表明问题 3 也成立。在线访问网络信息的次数与网络信息检索的自我效能感之间存在正相关性（$\beta=0.26$，$F.=4.93$，$p-\text{level}=0.018$），这表明问题 4 也成立；学习者在网搜索时的自我效能感与网络信息素养也存在正相关性（$\beta=0.29$，$F.=5.24$，$p-\text{level}=0.021$），这表明问题 5 也成立，进而说明了自我效能感是网络信息素养的一个重要组成部分。

4.3 本章小结

本研究的目的是在校大学生在网络环境下完成课程学习的基础上了解媒介素养相关变量与信息素养之间的关系，分别分析对媒体的批判态度、媒体效能的认识、自我效能感和在线访问网络信息的次数与网络信息素养之间的关系，研究结果表明，媒体素养对信息素养的提高有积极的推动作用。信息素养与媒介素养在“器”和“道”的层面上是有交织的，研究视角、涉及的内容、侧重点有所差异但彼此融合的趋势是明显的①。

由于受研究条件的局限，选取的样本数量和范围偏少，本研究没能分析不同区域大学生的年龄、性别和专业在媒介素养的差别，这是否会对信息素养存在不同的影响，需要作进一步的调查研究。再有就是对媒介素养的认识的研究主要在网络平台内的调查，没有拓展媒介的范围，比如电视、报纸、手机等媒体，这也是需要作进一步的深入研究。

高校内部各部门应密切合作整合教育教学资源，搭建信息素养教育一体化网络教学平台，依托平台开展在线互动教育，并根据学生的不同学习阶段，开设相应的信息素养自主学习式网络课程及各种层次的培训，全面提升学生的信息素养能力②。媒介素养知识和技能可以提高大学生的网络信息素养和网络自我效能感。高校在不占用过多教学时间的情况下，利用大学计算机基础课与网络相结合的优势，对其进行拓展和延伸，开展媒介素养教育，实现媒介素养进课堂的目标③。这将会增加大学生信息素养知识和技能训练的机会，不断创新网络信息素养教育方法。高校素养教育应当构建有利于信息素养与媒介素养打通与融合之桥梁，媒介素养与网络信息素养教育对提高高等教育质量来说是至关重要的，也是高校培养创新型人才和建设学习型社会的必然选择。

① 王帆，张舒予．从教育视角解析媒介素养与信息素养[J]．电化教育研究，2007，(3)：35－39.

② 郭太敏，曹志梅，谭黎娟等．大学生信息素养一体化教育体系及其构建对策[J]．大学图书馆学报，2012(2)：102－104.

③ 阮海红．媒介素养与信息素养教育学科发展研究[J]．现代情报，2010，30(10)：33－35.

5 移动学习在课程学习中的应用模式

无线移动设备特别是智能移动设备目前成了电子市场的最受消费者青睐的产品之一，掌上电脑和移动手机逐渐成为学习者学习的必备用品。特别是在今天“无孔不入”的大学校园里，这些无线移动设备具备对大规模数据的处理能力提高了学习者的学习效率，特别是大学校园无线宽带网络的不断覆盖使学习者可以随时随地学习，移动学习在某种程度上改变了高等教育的存在形式。随着智能手机和3G技术的发展，移动学习逐渐从“在线更新、离线学习”为主体的方式走向网络化，移动学习的实现模式将更加多样、灵活、高效①。现在大多数的大学教师习惯通过电子邮件或聊天工具与学生进行交流，甚至有不少大学课程通过网络平台对学生进行讲授和课后指导。尽管无线移动设备有巨大的发展潜力，但移动学习目前还处于发展的初级阶段。移动学习的发展促进了互联网、无线网、无线移动设备和在线学习的融合。对于无线移动设备来说，它可以使该设备与它的所有者之间的关系变成一对一的关系，这样的关系在移动学习环境中可以一直保持下去，而且还可以使这种关系更具人性化和个性化。无线移动设备的优势在于可以为学习者提供很多便利，比如可以允许学生和教师利用在火车或汽车旅行途中的空闲时间完成他们的家庭作业或备课②。使用无线移动设备进行学习的主要特点是它的个性化服务和功能不断扩展，这是吸引越来越多的学习者最为主要的地方，尤其是那些将工作和生活看得同样重要的成年学习者。无线网络是移动学习非常关键的技术保障，可以说是是无线网络把在线学习提升到移动学习阶段，因为在移动学习环境下学习者用手和大脑会尽可能产生高效的学习效果③。

本研究主要探讨移动学习与高校课程的整合，确切地说，主要探究无线移动设备在大学课程学习中的使用，例如PDA和智能手机的数据服务主要涉及无线接入协议（WAP）、短信息服务（SMS）和无线标记语言（WML）。无线接入协议（WAP）由于具有客户端架构比较简单和设备独立的优点，目前在无线数据服务上已经得到普遍推广。网络客户端架构简单，可以允许应用程序在服务器上运行，也可以允许

① 傅钢善，李婷．3G时代基于专家系统的移动学习模式[J]．中国电化教育，2010，(4)：106－111.

② Virvou, M. ,&Alepis, E. Mobile educational features in authoring tools for personalized tutoring[J]. Computers and Education, 2005,44(2):53－68.

③ Setaro, J. If you build it, will they come? Distance learning through wireless devices[J]. Unisys World, 2001,(7): 12－14.

传输到无线移动设备上。移动学习并不会取代传统的教室内的课堂学习，但作为一种移动设备和通信网络，移动学习可以通过移动设备发送学习内容①。如果无线移动设备上的移动学习安排合理，它可以有效弥补现有的各种学习方式的不足，也可以充分体现和支持出建构主义学习理论和对话理论。本研究尝试在该理论基础上设计移动学习模式，并通过开发应用平台和实证研究验证该理论的有效性。

5.1 相关研究概述

信息技术在教育中的应用有助于提高学习效果，特别是以学习者为中心的课程学习，学习者可以按照自己的课程学习节奏和学习需要与教师进行异步交流。此外，由于无线移动设备是高度个性化和协作化的通信工具，它可以比较灵活的作为学习者的学习工具，可以补充现有的技术在学习服务上存在的缺陷，也可把学习随意延伸到像机场和火车这些除了教室和家里的偏远地方，而这些地方学习者没有无线移动设备很难有机会接触到电脑和网络②。

5.1.1 国内相关研究

在国内，上海电视大学通过构建手机短信移动学习平台，以短信互动形式实现移动学习和移动学习支持服务的实践，该平台的优势在于具有较大的灵活性，真正实现任何时间、任何地点的自主学习与交流互动。其缺点是信息容量低，信息输入操作比较麻烦，信息交互间隔时间长。付卉认为在线信息浏览的移动学习实现了学习者随时随地根据自己需求进行学习，并且学习者可以利用零碎时间学习，可以有效地提高学习效率。但该学习方式的缺点是目前信息通道无法保证较大数据流畅传输，而且移动设备的屏幕比较小，图片等多媒体信息也难以清晰显示，而有些信息对于学习理解知识往往是必不可少的，从而不利于学习者对知识的掌握③。韩建华针对高校建设的CAN、单向HFC独立网在教育教学服务中的不足，提出一种以软交换技术、WiMAX无线宽带接入技术构建的校园综合移动教学网络平台方案，该方案较好实现了互动教学功能，群播教学模式、网络微格教学模式、点播辅助教学模式的运用充分体现了移动学习方式的灵活性、个体性的特点④。高敏等研究了以大学英语课程为学习内容、手机为移动终端的学习系统，探讨了适用于手机的移动学习模式，提出手机移动环境下学习监控的两种方法，一种是对课件学习的监控，另外

---

① 杨文阳，王燕．基于移动学习环境的数学教育游戏设计与开发探究[J]．中国电化教育，2012，(3)：71－75.

② Virvou, M. ,&Alepis, E. Mobile educational features in authoring tools for personalized tutoring[J]. Computers and Education, 2005,44(2):53－68.

③ 付卉．移动学习系统的设计与开发[D]．武汉：华中师范大学，2008.

④ 韩建华．高校校园综合网络教学平台的移动学习模式[J]．现代教育技术，2009，19(6)：73－75.

一种是对学习效果评价的监控，力求为自主学习提供有力保障①。

5.1.2 国外相关研究

在国外，法鲁克等深入研究了基于个人电脑的在线学习社区，该研究允许学习者利用无线移动设备通过在线学习社区参与生态环境方面的教育项目，来自不同地区的学习者都可以在社区里讨论他们的研究成果，学习者可以一起收集和分析项目数据，他们也可以和社区成员互动②。该学习社区应用程序用 Java 开发的客户端，它可以支持各种无线移动设备在该平台上访问。另一个比较类似的移动学习项目主要开发一个“WELCOME”（Wireless E – Learning and Communication Environment，即无线网络在线学习和交流环境）移动学习平台，该平台可以支持以虚拟大学为载体的移动设备。学习者可以通过无线移动设备学习新知识以及复习课堂知识，也可以查询教学日历和课程计划。这两个系统基于无线接入协议（WAP）浏览器推送技术进行设计和开发的，可以丰富学生的学习经验和支持对话学习理论。在欧洲的一些大学也做了相关的探究，他们主要研究学习者如何把短信息服务（SMS）作为对移动学习的协作工具。博伦等研究学习者根据讨论话题利用无线移动设备发送 SMS 消息来进行讨论式学习，讨论话题主要由教师分类和总结，并在教室使用了电子白板，讨论内容根据发送者、接受者、讨论时间等来进行分类③。另一项研究主要评价短信息服务（SMS）的学习效果，根据结果来开发高质量的移动教学和学习平台。短信息服务（SMS）的效果主要取决于响应的速度、收集数据的质量、信息的复杂性、显示信息质量和数量等因素。该研究表明，在校大学生喜欢在无线移动设备上用短信息服务（SMS）进行互动和学习，该种学习方式学习者的应答率较高，信息的质量非常好，短信响应也比电子邮件响应更快。Virvou 等开发了一套较为先进的移动学习工具，该工具允许教师在任何学科领域为学生开发一个智能导师系统（ITS），该系统可以在个人电脑和无线移动设备上运行，教师可以利用该系统评估、记录和报告学习者的成绩④。此外，该系统可以根据学习者的需求进行定制，并且提供给学习者个性化的学习建议，教师和学习者都认为该系统对教学和学习有较高的应用价值。

---

① Virvou, M. ,&Alepis, E. Mobile educational features in authoring tools for personalized tutoring[J]. Computers and Education, 2005,44(2):53 –68.

② 高敏,吴介军,等. 基于手机的 M – Learning 系统研究与设计[J]. 现代教育技术,2008,18(8):93 –96.

③ Farooq, U. , Shafer, W. , Rosson, M. B. , & Caroll, J. M. M – education: bridging the gap of mobile and desktop computing[A]. In IEEE international workshop on wireless and mobile technologies in education (WMTE_02)[C]. Sweden: IEEE Computer Society Press,2002:91 –94.

④ Bollen, L. , Eimler, H. , & Hoppe, U. SMS – based discussions – technology enhanced collaboration for a literature course[A]. In 2nd IEEE international workshop on wireless and mobile technologies in education (WMTE_04) [C]. Taiwan: IEEE Computer Society Press,2005: 21 –22.

综合以上研究看出，移动学习在教育中的发展潜力和应用价值。移动学习必须考虑到无线移动设备在高校学生中的普及程度，因为在任何学习环境中忽视学习工具是不可能取得好的学习效果。移动学习可以弥补其他学习方式的不足，移动学习平台的开发者和使用者必须认识到移动设备的局限性，在学科教学和学习中只有做到合理运用，才会受到学生和教师的欢迎。因此，本研究需要深入了解学习者对移动学习在大学课程学习中态度和认识，通过研究结果不断完善移动学习应用模式，以提高学习者的学校效果。

5.2 移动学习模式的设计

移动学习平台开发者只有认识到移动技术的优点和不足才能设计与开发出适合学习者的学习平台，作为教师和学习者也要了解移动学习才能有效地教学和学习，这就需要探索移动学习模式，以更好地推进移动学习在高等教育中的广泛应用。

5.2.1 移动学习与在线学习

传统个人电脑和互联网制约了学习者在任何时间和任何地点的学习，一旦离开互联网学习者就不能访问课程材料，也不能完成他们的课程作业。移动学习的主要作用在于可以有效弥补现有的大学课程学习存在的不足，如缺乏个性化学习服务、教师指导和互动较少等，移动学习技术可以帮助学习者在旅途中没有电脑和互联网的情况下利用无线移动设备把闲暇时间转化为有效的学习时间。表 5－1 总结了在教室里使用无线移动设备的移动学习和在教室里使用电脑的在线学习在支持学习活动方面的差异。虽然两者使用的工具不同，但学习方法和策略都是相同的。

表 5－1　课堂移动学习和在线学习的对比分析

教学方法	课堂在线学习	课堂移动学习
课程场所	超文本标记语言网站	无线标记语言网站
课程内容	在线注释、资源定位符和幻灯片	链接到课程网站的资源定位器
班级活动	白板、团体旅游、录音带、聊天室、讨论板和电子邮件	短信、讨论板、课程日历
作业/项目	电子邮件或用网页形式张贴	项目协调、即时通信
学生评价	在线考试、聊天室或讨论板	在线考试、聊天室或讨论板

移动学习可以允许学习者在任何时间和地点传播信息和完成课程作业，无线移动设备可以随时满足学生的要求，它允许学习者在课程学习中与教师、其他学习者互动，还可以随时在无线网络覆盖的区域获得课程材料。无线移动网络的优点有以下几点：①移动应用程序一般允许学习者通过无线移动设备控制和过滤信息，这些

移动设备通常都可以由学习者进行个性化设置；②无线网络在任何时间和地点都通过实时交互来提高协作水平，从而使学习者更好地解决问题；③无线网络可以为学习者提供高质量的学习服务，学习者可以合理规划自己的工作和生活时间，从而提高工作和学习效率。总之，无线网络可以为学习者提供个性化和灵活多样的服务，在设计移动学习模式时应该考虑这些特点。

5.2.2 理论基础

从20世纪70年代初，学习和技术逐步融合在一起，这就为在线学习打好了基础，因为从那个时候起学习者追求个性化，倡导以学习者为中心，并提出了协作化的随时随地地学习；技术也同样追求满足用户个性化需求，希望可以随时随地地学习。两者共同的发展趋势为移动学习提供了可能，它们都支持建构主义学习理论和对话理论。建构主义学习理论认为，学习者必须在一定的学习环境中反思和实践，学习者的学习活动是以任务驱动来解决问题的，是在已有知识和经验的基础上来进行抽象概括和解决问题。对话理论认为，有效的学习需要学习者之间或者学习者与教师之间不断通过双向对话和互动来实现。目前，在学习上使用技术主要有五种类型：①智能导师系统：可以提供不同的导师，但该系统的缺陷在于导师的知识领域有限；②模拟和建模工具：来担任学习者助理或智能代理，以提供给学习者学习建议；③字典、概念地图：有助于学习者学习以及用工具和资源组织知识；④个性化的帮助：可以根据学习用户当前的能力和经验来呈现学习材料；⑤虚拟教室和实验室：可以使教师与学习者在计算机虚拟的教室和实验室中互动。因此，设计移动学习模式必须考虑建构主义学习理论和对话理论。

5.2.3 移动学习模式

移动学习模式需要把无线移动网络和在线学习的特点整合到移动学习的实际应用中，在移动网络中应用无线数据推送技术可以有效传播学习内容，学习者通过建构和对话模式可以对传播内容进行控制和过滤，以便使学习内容具有个性化，也可以及时思考和反馈传播内容，以便进行协作学习。移动学习并不是转换所有基于桌面的学习内容，而是如何使用移动设备能用来增强整体学习策略①。总地来说，移动学习以建构主义学习理论和对话理论为基础才能取得好的效果，该模式利用各种学习方式来有效支持移动学习（表5-2）。

---

① Ting, R. Y. Mobile Learning: Current Trend and Future Challenges[A]. IEEE International Workshop. Proceeding of the Fifth IEEE International Conference on Advanced Learning Technologies (ICALT' 05) [C]. Taiwan: IEEE Computer Society Press, 2005: 603 - 607.

表 5-2　移动学习模式的设计

数据传送技术	个性化服务内容	协作学习服务内容	移动学习服务内容
数据推技术	智能代理和导师	通信助理	短信服务 信息提示 学习计划安排 教学日历
数据送技术	系统工具和资源	虚拟教室 虚拟实验室	无线网络标记语言 讨论房间和论坛
数据综合传送技术	信息提示 学习计划安排 教学日历 无线网络标记语言	短信服务 讨论房间和论坛	

5.3　移动学习模式的应用和评价

移动学习改变了传统教室在时间和空间的限制，可以支持学习者随时随地学习。在移动学习环境中学习内容可以在不同类型的媒体上呈现出来，可通过无线移动设备清晰查询存取路径并对学习过程进行评估。同时，学习者和教师之间通过无线移动设备可以在虚拟社区里实现同步和异步的交流和互动，以便于分享知识和经验。移动技术改变了学习者和教师各自的角色，学习者要积极主动承担学习责任，努力完成个人学习目标，而教师的角色从权威者转换为帮助者和指导者①。

5.3.1　参与者

为了检验该移动学习模式的效果，我们在两个学期的时间里通过连续跟踪调查大学本科生和研究生三门课程的学习情况来进行检验，这三门课程分别是《计算机网络基础》《教育技术学专业英语》《数据库应用技术》，并都已建立了各自的学习网站和移动学习应用平台。参与实验的学生为教育技术学专业 09 级本科生和计算机应用专业 10 级的研究生，一共 63 名学生。参与实验的学生都有无线移动设备并注册了学习社区，具备移动学习环境的各项条件，课程学习网站提供定制 RSS 新闻、讨论板和聊天室服务，采用无线接入协议（WAP）允许各种型号的移动设备自由访问课程网站。

5.3.2　移动学习应用平台架构

为了满足学习者移动学习的需求，在架构移动学习应用平台时考虑了常用软件的兼容问题，学习软件可由学习者借助任何支持 WAP 的移动设备从课程 WAP 网站

① Nachmian, R.. A research framework for the study of a campus - wide web - based academic instruction project [J]. Computers and Education, 2002, (5): 213 - 229.

上自由下载，但学习者必须在访问网站之前登录验证自己的身份。在该移动学习应用平台上学习者和课程教师既可以通过个人电脑交流课程知识，也可以通过无线移动设备交流课程知识。教师可以随时监控和管理学习者的互动内容，教师同时也是该平台的管理者，拥有管理学习用户的权限。课程网站服务器主要负责提供学习者课程学习内容，支持个人电脑访问。公告牌系统用开源程序编写支持简易客户端，该系统既可以为个人电脑学习用户提供论坛服务，也可以为无线移动设备用户提供论坛交流服务。移动学习开发内容应坚持简单的原则，重点关注那些可以利用分散的小块时间进行学习的学习过程以及最适合容易分散注意力的学习过程①。另外，该应用平台是独立架构的不受开发环境的影响，可以像 MySQL 数据库服务器一样与开源数据库集成，该平台的工作环境适合于 Windows2003 操作系统以上版本，该平台的基本结构如图 5－1 所示。该应用平台的主要优点在于允许个人电脑用户和无线移动设备用户直接进行互动，学习者在移动学习环境中通过个人电脑和无线移动设备都可以自由在各个学习区域内发送和接收信息，两者之间完全是兼容的模式，这显然有利于创设更为宽松的移动学习环境。总地来说，该移动学习应用平台支持学习者随时随地学习，努力为学习者创设更加灵活、更加个性化的移动学习环境。

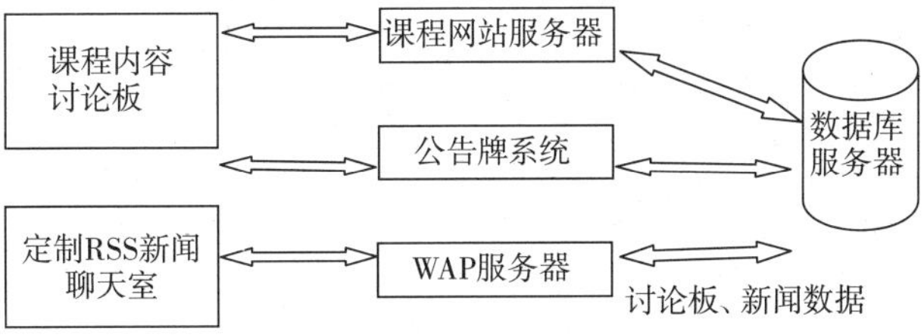

图 5－1　移动学习应用平台基本结构

5.3.3　移动学习应用平台评价的实证研究

评价该移动学习应用平台的主要目标是测试在高校教室环境中该平台的使用效果，并获取学生在移动学习中的反馈信息，以便更客观地评价该移动学习平台的作用和价值，因此，评价过程主要分为两个阶段进行。在每一个评价阶段都将显示学生在课程学习中如何获取和使用该平台。在评价的两个阶段都需要对学生的态度及时跟踪以便获得有效信息，评价第一阶段主要调查学生对该应用平台的满意度，评价第二阶段主要调查学生对移动学习在高校课程学习作用的认识。

（1）评价第一阶段——满意度调查分析。

在评价第一阶段主要对 19 名本科一年级学生学习选修课进行跟踪调查，由于个

---

① 李兴敏．外语教学的移动学习模式［J］．现代教育技术，2009，(3)：109－120.

别学生没有WAP功能的移动设备，因此他们需要下载专门软件安装在个人电脑上才可以与无线移动设备用户进行互动。学习者可以从WAP网站和互联网登录课程网站，在课程网站上浏览学习材料，并与其他在线学习者和教师交流，该平台会自动记录和显示学习者的访问信息和交流信息。学习者在课程学习中会收到学习提示与帮助，教师布置的作业也可以通过移动学习完成，但是要使作业获得较高的分数必须在移动学习中积极互动，系统会记录学习者的登录次数和互动信息，这是教师评判学习成绩的重要依据。学习者在使用该平台之前，都被详细告知如何通过课程网址进行注册、登录、导航、参与讨论以及完成作业等。在评价第一阶段主要调查移动学习应用平台的实用性以及学生对该平台的满意度，要求学习者在课程网站上认真填写并提交一份移动学习用户满意度的问卷调查表，该问卷主要有14个问题组成，前10个问题都有5个分值选项（完全同意为5分，同意为4分，中立为3分，不同意为2分，完全不同意为1分），后4个问题主要了解学习者的学习背景，提供学习者2个选项（是为1，否为2）。学习者对移动学习应用平台满意度调查结果分析如表5－3所示。

表5－3　学习者对移动学习应用平台满意度分析

移动学习应用平台满意度调查问题（$Q=10$）	平均值（*Ave.*）	标准偏差（*Std. dev.*）
移动学习应用平台对现有课程学习是有用的	3.68	0.63
移动学习应用平台是一个很好的讨论工具	3.53	0.96
移动学习应用平台很容易使用	2.53	0.94
移动学习应用平台很容易理解	3.00	1.05
移动学习应用平台有一个很好的交互论坛	3.55	0.50
移动学习应用平台很容易与其他学生讨论课程内容	3.53	0.90
移动学习应用平台很容易与教师讨论课程内容	3.56	0.67
移动学习应用平台很方便学习者进入课程讨论	3.79	0.85
对移动学习应用平台的总共满意度	3.08	0.89
移动学习应用平台很有可能成为好的学习工具	3.74	1.04
背景问题（$Q=4$）	百分数（p）	
你有一个无线移动设备吗？	86.51%	
你的无线移动设备能接入到互联网中吗？	42.39%	
你会发送短信吗？	88.52%	
你愿意使用无线网络进行在线学习吗？	57.89%	

评价第一阶段的调查结果表明，学生认为该移动学习应用平台是有用的（*Ave.* =3.68），它是一个很好的讨论工具（*Ave.* =3.55）。然而对移动学习应用平台的易用性（*Ave.* =2.53）却是中立的，移动学习平台很容易与其他的学生（*Ave.* =3.53）和教师（*Ave.* =3.56）讨论课程内容。该平台不容易使用主要是因为大多数学习者

认为无线移动设备的键盘和屏幕太小，不方便导航、阅读和输入信息，如果学习者熟悉使用设备和平台之后会缓解这个问题。第一阶段的总体调查结果表明，学习者总体上比较满意该移动学习应用平台（*Ave.* =3.08），并且认为该平台将来会是很好的学习工具。此外，该平台使用 WAP 协议让用户访问课程网站的，其用户界面的视觉效果和导航策略较差，学习者对该平台的感知存在一些偏见。

（2）评价第二阶段——对该平台的认识调查分析。

评价第二阶段主要对 44 名本科生和研究生两门课程的学习情况进行跟踪调查。这个阶段学习者在该移动学习平台经过了一学期的课程学习，对该平台有比较完整的认识，通过调查可以获得学习者对该平台较为真实的反馈意见，这有助于客观分析与评价该应用平台在学习中的作用，为以后更好地完善平台提供支撑信息。该问卷主要有 15 个问题组成，前 10 个问题都有 5 个分值选项（完全同意为 5 分，同意为 4 分，中立为 3 分，不同意为 2 分，完全不同意为 1 分），主要测试学习者对该移动学习应用平台的认识。后 5 个问题主要了解学习者在该阶段的学习背景，这些问题提供受访者 2 个选项（是为 1，否为 2）。学习者对移动学习应用平台认识的调查结果分析如表 5－4 所示。

表 5－4　学习者对移动学习应用平台认识的调查结果分析

移动学习应用平台的认识调查问题（$Q=10$）	平均值（*Ave.*）	标准偏差（*Std. dev.*）
移动学习应用平台增加在线学习的价值	3.75	0.92
移动学习应用平台允许任何地点的即时访问	4.36	0.66
移动学习应用平台对补充现有的课程学习是有用的	3.96	1.04
移动学习应用平台对学生来说是个有效的学习助手	4.17	0.70
移动学习系统可以提供个性化的学习内容	3.81	0.85
移动学习应用平台可以将任何等待时间转变成有效学习时间	3.89	0.95
移动学习应用平台允许随时随地的自由讨论	4.62	0.75
在移动学习应用平台通过短信发送信息效果会更好	3.50	1.00
移动学习应用平台允许通过网站访问信息	3.80	0.98
移动学习应用平台可以作为任何一门课程的补充工具	3.82	1.19
背景问题（$Q=5$）	百分数（p）	
你有一个无线移动设备吗?	86.32%	
你的无线移动设备是一个移动手机吗?	78.51%	
你的无线移动设备有数据存取服务吗?	63.56%	
你希望你的无线移动设备有数据存取服务吗?	59.18%	
你愿意使用无线移动网络进行学习吗?	64.63%	

评价第二阶段的调查分析结果表明，学习者认为该移动学习应用平台是个有效

的学习助手（*Ave.* =4.17），它允许任何地点的即时访问（*Ave.* =4.36）和自由讨论（*Ave.* =4.62）。学习者认识到了无线移动设备在移动学习（*Ave.* =3.82）中的重要的辅助作用，并且可以提供个性化的学习内容（*Ave.* =3.81）。通过学习背景问题的调查表明，大部分学习者拥有无线移动设备（$p=86.32\%$）。新式的智能手机在 3G 和 WiFi 网络服务费用方面将会不断降低，可以预见将会有更多的高校学生通过无线移动设备来享受移动学习的快乐。这对高校教师和管理者来说是个好消息，因为有 64.63% 的高校学生愿意用无线网络进行移动学习。

总之，对该移动学习应用平台的调查有助于我们客观认识移动学习对高校学生课程学习的作用，并获得学生在移动学习中的反馈信息，这有助于更好地完善该应用平台。但需要指出的是，由于研究条件和时间的限制，问卷调查抽取的样本数量偏少，测试者的学历、专业构成范围不够广泛，所以我们得到的研究结论尚需要进一步验证才有普遍的代表性。如果条件成熟，本研究应该深入评价高校学习者使用无线移动设备的移动学习效果。尽管目前由于物质条件限制，无线网络服务广泛应用于高校移动学习存在一定的困难，但高校学习者可以把移动学习作为课程学习的有效补充手段（*Ave.* =3.96）。可以肯定的是，通过无线移动设备的移动学习在高校会有广阔的发展空间，并对高校教学质量产生重要影响。

5.4 本章小结

通过研究结论可以验证建构主义学习理论和对话理论适用于指导移动学习，当我们利用移动学习完成学习目标时，不仅要选择合适的移动学习策略，而且要全面认识移动技术的优势和不足。简单地将 PPT 等学习资源发送到网站上并不是移动学习，移动学习需要明确的学习目标和合理的教学设计，在线学习需要的学习方法和策略在移动学习中同样需要①。移动学习延伸了学习的空间和时间，可以使学习者更加自由灵活地安排自己的学习活动，但这种自由灵活性可能会导致负面影响，比如学习者可能会缺乏想象力，短期内可能会出现信息和互动过多，随时随地的学习有可能让学习变得杂乱无序。总地来说，移动学习不仅可以缩短学习者的学习时间，同时也提高了自己的工作效率和学习效果，进而提升自己的生活质量。可以相信在未来的学习型社会里，移动学习不可避免地将成为在线学习的主要学习方式之一，但移动学习需要在用户界面与语音识别技术等方面不断完善和提高，努力为用户提供更加个性化的服务，这些问题对移动学习的持续发展是至关重要的。

---

① Ellis, K. Moving into m – learning[J]. Training, 2003,40(10):12 – 15.

6 大数据和学习分析在混合学习环境中的应用机理

互联网的普适性已经渗透到我们生活的各个方面，并正悄然改变高等教育形态。网络学习与传统学习两者优势的结合，是未来教育技术的发展趋势[①]。高校学生在课堂上接受面对面的教学，课后在互联网上找到大量相关的在线学习资源，并在学习共同体中展开讨论，这将为混合学习的开展提供必要的基础和条件[②]。2013 年，在美国大约有三分之一的高校学生完全通过注册在线大学课程的形式接受高等教育[③]。尽管美国高等教育中混合学习相关的准确研究数据还没有出现，这主要是由于目前大部分混合学习研究报告只停留在个别大学自己的教学水平及个案数据分析，但越来越多的学生注册混合课程。各个高校日益重视技术基础设施建设，建立大型数据库以满足及时的数据需求并支持决策，大数据已经渗透到高校各个领导层及管理部门。

从大数据视角，我们可以将学习分析的驱动力概括为三类：数据驱动、技术驱动、需求和利益驱动[④]。数据驱动是大数据的内在动力，技术驱动是大数据的主要实现途径，需求和利益驱动是大数据的外在动力。大数据在教育中的作用主要依靠软件途径获取，因此，我们通常称这种获取途径为学习分析。应用于教学的大数据和学习分析目前已经存在，但仍然存在一些缺陷需要不断发展完善，相信在未来几年内会逐步成熟起来。虽然大数据和学习分析并非是解决所有高等教育问题的灵丹妙药，但对高等教育管理者来说是其科学决策的助手。大数据和学习分析本身可以成为一种有效的管理途径，通过它们可以更好地发挥教学与管理功能。高校行政决策过程已经经过几十年的发展，在这些年里积累了大量数据，这些数据分布在各个信息管理系统中，我们亟须把这些系统整合在一起。为了使决策变得更加合理，我们需要使用数据来支持可以替代课程的行动。20 世纪 90 年代末至今出现的新生事物——在线学习，改变了教师教和学生学的方式。越来越多的学生适应并喜欢在线学习，所有的大学正在顺应这种趋势，积极开发并及时提供学生在线学习课程。另

---

① ALLEN I E，SEAMAN J. Grade change：tracking online learning education in the United States［EB/OL］.（2014－01－08）［2017－03－25］. http：//www. onlinelearningsurvey. com/reports/gradechange. pdf.

② 詹泽慧，李晓华．混合学习：定义、策略、现状与发展趋势［J］．中国电化教育，2009，（12）：1－5.

③ 何克抗．“混合”：通向未来之路——何克抗教授谈教育技术发展新动向［N］．中国教育报，2004－01－05（05）.

④ 王良周，于卫红．大数据视角下的学习分析综述［J］．中国远程教育，2015，（3）：31－37.

外，对于大部分学校来说，把在线技术整合到面对面教学中是提升教学的有效途径，这种在线学习和面对面学习相结合的学习方式我们通常称之为混合学习。在线学习环境中利用数据驱动决策为学习者收集与处理数据以及课程活动开辟了新的方法和途径，并且可以及时记录整个教学过程，教师教与学生学的数据可以被学校管理系统添加到数据库中。在以往，学校教学管理、评价与课堂分离，无法适时监控课堂教学质量，现在学校通过在线技术可以把教学管理与评价紧密整合到课堂教学活动中。本研究在对混合学习概念和类型进行界定的基础上，分析大数据和学习分析在高校混合学习环境中应用的相互关系，通过具体案例探究大数据和学习分析在高校混合学习环境中的基本要求。

6.1 混合学习概念及类型

混合学习环境中实施学习分析面临巨大挑战，这主要因为混合学习环境有许多不同的要素并且各个要素很难界定。混合学习是一种线上线下环境的融合，实际上是一种学习环境的设计，强调的是在线学习环境与课堂教学环境的融合，通过线上学习优势和实体教学方式优势，打造一个适应知识构建的场域①。混合学习不是单一的事物，而是有不同的风格、表现形式和应用程序。这就意味着这种学习可以适合不同学习风格和需求的学习者。“混合”是指有机组合在一起，而不是指简单把各个组成部分连接起来。混合学习可以是一门课程的一个小的在线学习组成单元，比如一门课程每周需要有三个小时的学习时间，其中每周有两个小时可以在传统的教室里学习，剩下的一个小时可以通过在线学习进行。但需要指出的是，课程的学习模式和时间都是精心设计和安排的，并不是随意划分的，虽然在线学习与传统的教室学习会有相互重叠的时候，但是各自的时间都可以计算出来，因为很容易被区分开它们的形式。

我们很难区分混合型课程的存在形式。一个在线学习平台一般一学期可以接受学习者三门在线学习课程的同时申请，该平台必须满足学习者三门课程 15 周连续性的学习，然而学习者要协作完成 15 周连续性的学习必定会有时间重叠的课程。学习者将通过 E－mail 和小组讨论板进行定期沟通。在线学习课程也应该至少每个月给学习者安排一次面对面学习的机会，通过面对面学习，学习者可以互相展示和讨论在线课程学习材料，也可以通过会议讨论小组合作项目。这些在线和面对面学习活动刚开始边界比较清晰，但随着应用频繁逐步交叉混合在一起，各自并不像以前那

① 吴南中．混合学习视域下的教学设计框架重构——兼论教育大数据对教学设计的支持作用[J]．中国电化教育，2016(5)：18－24.

么有迹可循。这些年支持在线课程的相关技术和产品逐步整合和推广，如视频会议（Skype）、博客、YouTube、维基、播客等，这些媒体逐步走进课程，使混合学习突破技术和硬件设施屏障，给学习者混合学习提供全方位的服务。

从最广泛的意义上来说，混合学习概念可以定义为各种技术和媒体与传统的面对面课堂学习活动整合在一起的学习，如图 6－1 所示。由图 6－1 可以看出，混合学习分为四种类型：第一种类型为学生利用单一技术或媒体进行在线学习，教师主要利用电子公告板、视频等进行授课；第二种类型为学生利用单一技术或媒体在传统教室进行面对面学习，教师主要利用 E－mail、网络等单一媒体进行授课；第三种类型为学生利用多种技术或媒体在传统教室进行面对面学习，教师使用虚拟现实（VR）、智能导师等媒体进行授课；第四种类型为学生利用多种技术或媒体在传统教室进行在线学习，教师使用播客、MOOCs、视频会议（Skype）等进行同步或异步授课。这个概念性界定可以作为一个指导原则，但不能视为绝对的限制性解释。因此，混合学习可以应用到高校的各门课程中。

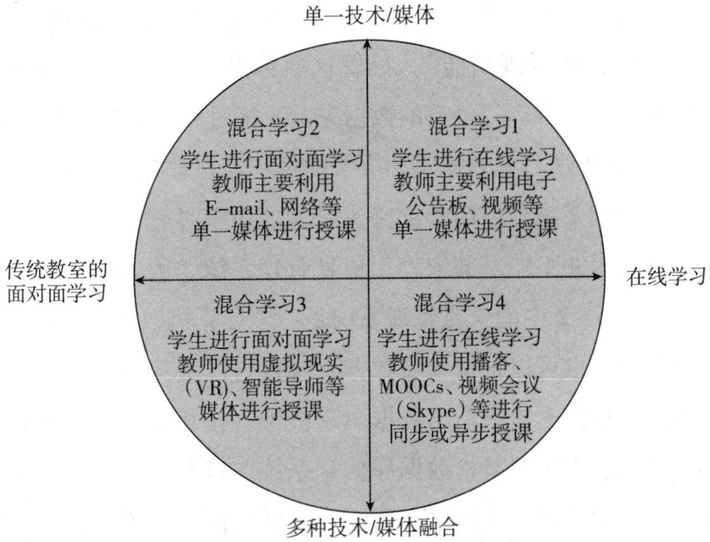

图 6－1 混合学习概念界定

6.2 数据驱动决策、大数据和学习分析之间的关系

本研究聚焦于混合学习环境中技术支持下的决策过程。对“数据驱动决策”这个专业术语最简单的定义就是运用数据分析去报告课程学习过程，主要包括政策和程序。实际上，这个定义是为了开发可靠和及时的信息资源，目的在于收集、整理和分析用于决策过程的数据。在此需要特别注意的是，数据分析用于提示学习过程对教师和学习者具有参考价值，并不能完全取代经验、专业知识、直觉、判断以及

教育者的教育智慧。虽然对决策界定可以有很多种选择，但在现代教育机构中，决策需要整合复杂的管理过程要素，如学业规划、政策制定及预算编制等。这些过程随着时间的推移需要利益相关方参与，最为重要的是努力获取有效信息帮助利益相关方进行科学决策。

6.2.1 数据驱动决策和学习分析之间的关系

数据驱动决策以数据为基础，并以实际运用价值为导向形成一套合理的决策模型。但是，一个严格的决策模型有它自身的局限性。赫伯特·西蒙（Herbert Simon）1978 年提出了有限理性理论，该理论的主要原则是组织运行是一个持续理性化的社会行为，这主要是因为知识需要严格依照合理的模式才能发挥作用，而这种功能超出了其本身的可用性[①]。这一理论经过随后的实践检验被公认是有效的，特别在理解组织流程，如决策和规划等方面可以提供基础性指导[②]。近些年来，随着计算机信息管理系统逐步在高校普及使用，高校的教务、人事、科研、财务、学生和后勤等部门通过使用该系统会产生大量的数据，许多教育管理者深刻体会到该理论在组织决策中的实际价值。信息管理系统可以支持管理者调整、适应和学习组织环境，以更好地履行他们的行政管理功能[③]。尽管这些信息管理系统并不能代替决策者，但利用它们可以帮助决策者运用已有的数据完善决策过程，提升其决策的科学性。

图 6－2 展示了课程学习中数据驱动决策的过程。在教育环境中，决策是最基本的社会过程，信息管理系统可以用于支持决策者的决策过程。但在线课程学习决策过程的内部和外部因素并不能全部依赖于信息管理系统，因为在线课程的学习时间是事先确定好的。图 6－2 中的信息管理系统是一个计算机数据库系统，它能够存储和处理各种学习数据，也可以根据学习数据生成报告。决策过程体现着决策者的智慧，并能反思和评价他们的决策。与数据驱动决策直接相关的是数据仓库、数据挖掘及数据分类。数据仓库主要是指数据库信息系统，该系统可以随时存储、整合和维持大量数据，同时关联到多个数据库系统。数据挖掘是一个经常用于研究和统计的专业术语，它主要指搜索或挖掘数据文件中的信息，目的在于更容易理解数据的深层次含义。数据分类是指依据一定的属性，利用软件工具把数据文件分解为各种各样的类型，如利用计算机软件程序可以快捷实现按照性别、专业、民族或其他属

---

① SIMON H A. Rational decision making in business organizations[J]. *American economic review*, 1979, 69 (4): 493－513.

② CARLSON R V, AWKERMAN G. Educational planning: concepts, strategies and practices[M]. New York: Longman, 1991: 207.

③ SENGE P M. The fifth discipline: the art & practice of the learning organization[M]. New York: Doubleday Currency, 1990: 362.

性来选择学生的学习成绩数据。因此，在线课程学习中，数据驱动决策的过程是以信息管理系统为基础通过分析各种数据来完善和支撑教育管理者的决策过程，提升其决策的科学性和合理性，最终确保学习者在线学习的质量。

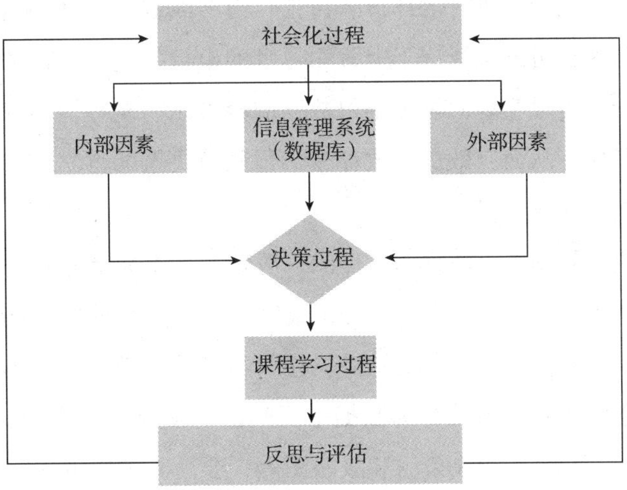

图 6－2　数据驱动决策过程

6.2.2　大数据和学习分析之间的关系

近些年来，大数据和学习分析在教育中变得非常重要。2014 年 5 月，南非的西北大学举办了混合学习在高等教育中应用研讨会。该会议的主要议题就是教学技术研究、混合学习环境设计、MOOCs 以及技术规划。在技术规划中，主办方分享了该校整合新技术的规划纲要，尤其提到了混合学习。在混合学习环境设计中，主办方指出，要有效利用学习分析去记录学习者，并跟踪他们的学习成果。学习分析可以及时有效识别后进学生，并及时给予教师、家长及本人预警提示。该技术也可以持续跟踪学习者的日常表现，为学习者设计与开发一套科学合理的学习计划及支持策略。学习分析处理方法最为常用的就是分类汇总，在分类汇总的基础上可进一步采用分类汇总、聚类、关联规则、时序分析、顺序分析与聚类分析、社会网络分析、文本挖掘等方法，使分析不断走向深入①。

数据是学习分析的基础，应用恰当的数据处理方法则是学习分析成功应用的关键②。大数据是一个通用术语，把信息系统或数据库系统作为主要的存储设备能够存储大量数据，并可以及时处理数据。如大学生学业记录保持系统可以连续记录学

① SENGE P M. The fifth discipline: the art & practice of the learning organization[M]. New York: Doubleday Currency, 1990:362.

② 魏顺平. 学习分析数据模型及数据处理方法研究[J]. 中国电化教育,2016(2):8－16.

生每门课程成绩以及最后等级等学业成果信息。教师和教育研究者可以利用这些信息研究学习者在不同学期或者学年的学习变化。在大数据环境中，每个学习者在课程学习中的相关数据都可以被系统自动记录下来，尤其是在线课程学习中的数据。每个学习者基于在线课程进行的评价、讨论、博客或维基活动等信息都可以被系统记录下来，每门课程可以接受成千上万学习者的申请并记录他们的学习信息。基于大数据的学习分析可以实现对学生学习数据的全方位、全程性跟踪，挖掘出更多的隐性数据与关联性，从而有效提升教育教学预测与决策的科学性，以便及时科学地予以干预①。

数据驱动决策是基于大数据而给出的一般定义，本质上它是科学数据推理出来的结论，在实践中应用决策时会及时提供给每个学习者不同的学习路径。最近几年，学习分析得到深入发展。学习分析主要关注教学过程中学生与教师的教学行为，生成实时的数据报告或者利用从行为数据中反映出的常模来生成预测模型②。学习分析根据实际研究的需要，如决策树和战略图等，会建立相应的预测模型并确定课程学习行为出现的概率。学习分析会使用数据挖掘软件建立决策流程，并把数据转换成可视化的学习行为，如提供观点与建议、学习者关注的焦点问题、规划未来等。学习分析看起来十分复杂，但近些年在许多行业涌现这个专业术语并逐步被大众接受，因此，它也已经渗透到新技术和新产品的应用和开发中。

学习分析的关键在于使用数据来确定课程学习行为，尤其是那些交互行为较多的课程学习中。学习分析常见的应用案例是考试网站流量、在线用户数量、用户兴趣、学习风格、导航模式等。目前，在高等教育领域学习分析开始用于报告学习者的学习成绩、学习成果及学习态度等。大数据概念和分析可以被应用到高等教育管理和教学应用的各个领域，包括招生管理、学籍管理、财务管理、捐赠跟踪和学生学习成绩监控等。在高等教育管教学管理中，我们要充分利用大数据和学习分析，通过构建分析模型、显示和解释数据以协助教师和教育管理者更好地工作，使教师和学校根据每一个学生的需求和能力为其提供适当学习机会③。传统的面对面教学只能支持传统的数据驱动决策过程，而学习分析程序可以收集并处理学习发生的过程及结果，这是高校课程管理系统（Course Management System，简称 CMS）或学习

① 马婧，韩锡斌，周潜等．基于学习分析的高校师生在线教学群体行为的实证研究[J]．电化教育研究，2014(2)：13－18.

② 郑燕林，李卢一．对大数据支持的学习分析与评价的需求调查——基于教师的视角[J]．现代远距离教育，2015(2)：36－42.

③ ALIAS T. Learning analytics：definitions，processes and potential[EB/OL].(2011－01－05)[2017－03－25]. http://learninganalytics.net/LearningAnalyticsDefinitionsProcessesPotential.pdf.

管理系统（Learning Management System，简称 LMS）今后发展的方向。

大多数 CMS/LMS 可以支持持续监控学生的学习活动，如在互动中是否积极响应教师和同伴的提问，是否在讨论区发表意见，是否访问阅读材料，是否完成测验和其他评价等。实时记录和分析学生在线学习数据是学习分析的基本功能，到学期结束学习分析结果是衡量在线学习者学习成绩的重要依据，教师可以根据学习分析结果采取相应措施来提示或帮助学习者。无论是学生的学习需求分析，还是根据学生的教育行为进行评价，都需要基于大数据的自我量化，去记录、研究、分析自己的在线学习行为，认识真正的自己、提高自己①。CMS 或 LMS 是收集和提供学习者学习过程的大型数据库，这个大型数据库可通过学习分析软件应用程序进行处理，学习过程的大型数据库应该整合学校其他信息系统的数据资源，如学生信息系统、课程信息系统、教师信息系统等。学习分析软件利用这些数据库分析师生教与学的过程并建立模型，这些模型可以为后续课程学习提供指导。但需要注意的是，学习行为数据需要尽可能保持准确性和及时性，学习分析中应该体现这两个特点。

IBM 发布关于学习分析成就的白皮书《分析：大数据在现实世界中的应用》中，总结出了学习分析用于教学的八种情况，这八种情况分别是：检测每个学生的表现；选择学生的个别特征统计学生成绩，如专业、学年和民族等；确定需要及早进行干预的学生群体；预测学生的发展潜能使学生实现最佳发展；通过一门课程发现学习者不足并及时改进；确定和开发有效的教学技术；分析标准化评价技术和仪器（如专业技能认证考试等）；测试和评价考试②。

在课程学习中，监测每个学习者的表现和课程参与者是最常用类型的学习分析。无论是面对面学习还是在线学习，监测学习者的参与者会明确学习者参与的课程学习材料。考勤是一个由来已久的课堂教学活动，大多数教师会关注那些缺勤太多的学生。作业成绩和考试成绩也是监测的重点，负责任的教师将会关注并及时检查学习者的成绩记录，并与没达到课程考核标准的学生谈话。几乎所有的大学已经制定并实施学期期中教学检查，目的在于提供教师和学习者关于课程学习的进度指标，让他们了解问题，及时改进并保证质量。在线课程中，CMS/LMS 会定期提供课程监测统计数据和早期预警系统，允许教师及时跟踪学习不积极的学习者，如学习者在博客和讨论区没有发言，没有访问阅读材料，或者不及时进行测验等，这些课程统计会保持实时跟踪，教师可以准确了解学生的学习现状，发送 E－mail 表达对学习

① 姜强，赵蔚．基于大数据的个性化自适应在线学习分析模型及实现[J]．中国电化教育，2015(1)：85－92.

② KIRK J. Analytics' buzzword needs careful definition infoworld[EB/OL]．(2014－06－03)[2017－03－25]．http://www.infoworld.com/t/datamanagement/ analytics－buzzword－needs－careful－definition－567.

者学习成绩和学习参与的关注。这些干预措施不一定都需要学习分析，但学习分析与它们之间的相互作用通过扩展数据收集的范围会显著改善。如一个学习者在讨论区的参与程度可以通过模式识别进行分析，通过分析可以确定该学习者参与课程材料的深度和质量。这种类型的分析可以用来检测其他更多在线学习者的参与度，并评价他们讨论的具体内容。

现在常见的课程信号系统（Course Signal System，简称 CSS）是学习分析软件一个很好的应用案例，因为它是第一个用在混合学习环境中的学习分析软件，该软件把人口学信息和学生在线互动有机结合在一起，通过产生红、黄或绿色光线向学生展示他们自身是如何在进行课程学习的。与此同时，系统也会及时提供给教师的相关预警信息，如果教师觉得有必要会及时采取干预措施。各个高校在使用 CSS 时，可以结合现有的 CMS、LMS 或 BlackBoard 平台建立课程学习预警系统。当然，CSS 也可以用于一般的在线学习和传统教室的面对面学习，尤其是当前高校流行的大班授课及翻转课堂①。但在具体教学实践中，如何运用学习分析支持教学并提升学习者的学习效果还有待于教育研究者做更深入系统的研究②。在大数据时代各种学习平台是预测学生学习活动的重要数据源，学习分析不仅能造就优秀学生，而且能使教师了解优秀学生如何使用在线学习系统③。实际上，学习分析作为一个学习工具仍处于应用的初级阶段，我们应该针对学习分析在混合学习环境与面对面学习环境中的成本收益进行比较研究。

6.3 基于 BlackBoard 平台的数据分析应用案例

为了深入分析学习分析技术在混合学习中的应用机理，本研究连续跟踪并搜集学习者在高校 BlackBoard 学习管理系统中使用技术工具所产生的数据量。BlackBoard 学习管理系统属于交互式学习环境，与混合学习方法密切相关，这种学习方式使在线学习环境和课程学习目标融合在一起。该研究以在校大学生在《程序设计语言》课程学习中访问 Black Board 学习管理系统得到的学习数据为样本，分析了学习者在登录注册该课程中所使用各种类型的技术工具。图 6－3 为研究者所在学校信息中心提供的数据分析结果，统计了学习者 2015～2016 年在 Black Board 中使用技

① FELDSTEIN M. Course signals effectiveness data appears to be meaningless and why you should care[EB/OL]. (2014－08－09)[2017－03－25]. http://mfeldstein.com/courssignalseffectiveness－data－appears－meaningless－care.

② ITEN L, ARNOLD K, PISTILLI M. Mining real－time data to improve student success in a gateway course[A]. Paper presented at the Eleventh Annual TLT Conference[C]. West Lafayette: Purdue University, 2008, (3): 279－285.

③ 张进良，何高大．学习分析：助推大数据时代高校教师在线专业发展[J]．远程教育杂志，2014 (1): 56－62.

术工具总访问量，展示了学习者在课程学习中对每种学习工具总的访问数量，其中的技术工具如论坛、资源、作业和小测验等访问量比较高。

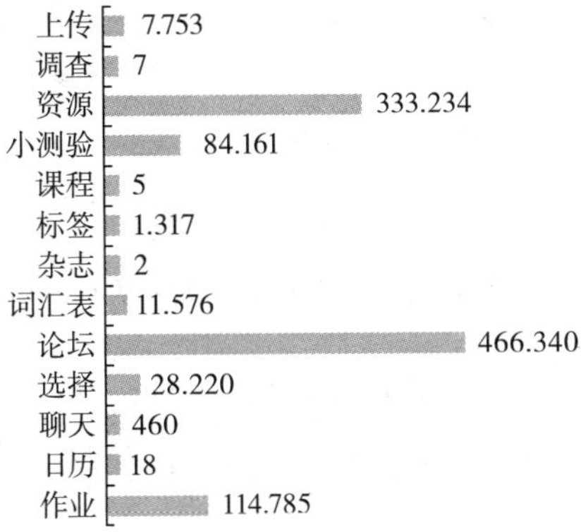

图 6－3 学习者 2015～2016 年在 Black Board 中使用技术工具总访问量统计

为了深入研究学习者对技术工具的使用情况，我们有必要按照四个类型（存储、合作、交流和评估）来对技术工具进行分类，并认真分析学习者在课程学习中对技术工具的使用效果。表 6－1 为学习者在 Black Board 中使用技术工具应该包括的工具类型。

表 6－1 Black Board 中学习工具分类

类别	学习工具
存储	标签、资源、上传
合作	论坛、集注、Wiki
交流	日历、聊天、日记
评估	任务、选择、课程、测试、调查

通过表 6－1 的分类可以看出，我们在利用线学习管理系统中必须重视学习工具的组合，因为这允许高校教师在教学过程中实现师生互动和合作，并及时获取学习者的反馈，这可在很大程度上帮助学习者优化学习过程，进而提升学习者的学习动力。通过对学习工具的分类数据进行汇总，我们可以分析注册学习者对不同类别学习工具的平均访问数量，这对教师和学习者来说具有非常重要的参考价值。通过搜集注册学习者对学习工具的访问数量，我们获得了学习者对每个类别学习工具的平均访问次数，分析结果如图 6－4 所示。

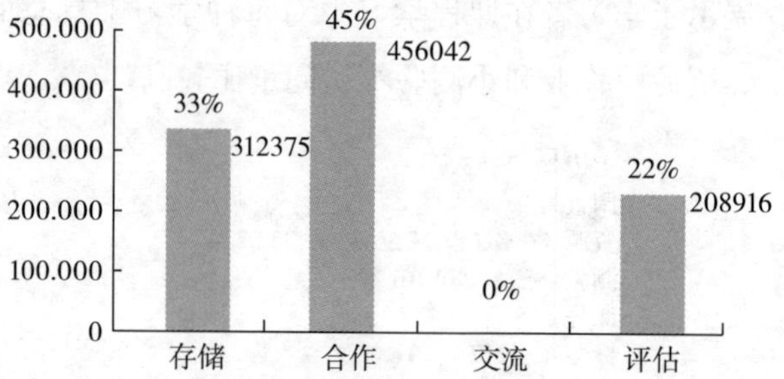

图 6－4　学习者对不同类别学习工具的平均访问次数

从图 6－4 中可以看出，学习者在课程学习中对交流工具的访问为 0%。交流类工具中的日历、聊天和日记工具很少被学习者使用，同时教师为了维护教学秩序也不提倡学习者使用，这也说明了当前高校课程学习中的互动是一种低水平的假互动。最常用的在线学习工具是合作和存储类工具，分别占了总访问数的 45% 和 33%，合作和存储类工具属于常规型学习工具，教师容易对其进行管理，学习者易于通过该工具对课程知识进行记录、复制和传播。但学习者对交流工具的访问为 0%，这表明学习者在该课程学习中合作学习的层次不高，因为没有互动交流的合作是难以高质量完成学习任务，也难以在真正意义上实现知识共享与转化。

6.4　大数据和学习分析在混合学习环境中的优势与基本要求

美国新媒体联盟每年推出的《新地平线报告》展现了教育技术的未来发展方向。2014 年的《新地平线报告》中指出，有六种技术会在未来五年内会广泛应用到教育领域中，这六种技术按照应用重点排序为：社会媒体的增长；在线学习、混合学习和协作学习的整合；数据驱动学习与评价的涌现；把学习者作为知识消费者的角色改变为知识创造者；灵活多样的学习方法；在线学习的变革[①]。这六种技术中前两种技术目前已经成为教育的主流应用技术，数据驱动学习与评价主要是指学习分析，相信在未来也会具有较大的发展潜力。这也说明学习分析在有效促进学习过程中需要有更多的教育实践应用研究。

6.4.1　大数据和学习分析在混合学习环境中的优势

学习分析在监测学习者的学习表现和进步上有明显的优势，主要表现在以下三个方面：第一，在最基本的层面，学习分析软件可以深入挖掘每个学习者访问 CMS/LMS 的频率、花费在一门课程上的学习时间、教学互动的数量和性质等，这些

① SIEMENS G. The journal of learning analytics：supporting and promoting learning analytics research[J]. Journal of learning analytics,2014，1(1):92－108.

互动可以被分类为评价（测试、作业或练习等）、内容（文章、视频或模拟检查等）和协作活动（博客、讨论组或维基百科等）。第二，学习分析可以通过提供详细的教学互动数据来显著改善与教和学直接相关的学术性建议。学习分析能够提升处于危险学习水平的学习者的能力，并针对他们在学习过程中存在的困难给予及时干预。此外，教学活动与其他的学生信息系统数据（如性别、年龄或专业等）链接在一起，学习分析软件还能够审查整个组织结构的表现，有助于教师深入了解每个学习者的学习风格，也为了解学习小组的各种学习模式提供了有效工具。第三，学习分析软件能够提供纵向分析，用来预测学习者的学习行为和模式。CMC/LMS 数据库与学校的信息系统关联在一起，学习分析可以全方位、全时段收集数据。学习者和课程数据可以通过学习分析软件进行聚合分析或分类分析学校结构多个层次的管理模式和教学模式。因此，学习分析软件会建立预测模型，通过预测模型创建学生成绩预警系统和干预策略。

总地来说，学习分析将在确定学习者是否存在预警风险或者需要警报提示方面变为一个不可缺少的要素，教师借助它可以采取适当的行动进行干预。此外，它可以做纵向跨机构的数据分析，通过学习模式识别来提升学习者的学习停留时间，也可以协助学习者制定学业规划。

6.4.2 大数据和学习分析在混合学习环境中应用的基本要求

（1）数据必须准确和及时。

大数据和学习分析可以预测学习者的在线学习行为和学习效果，并给学习者积极的反馈；学习者可以根据自身的学习状况进行分析与预测，设定自己的学习目标，制定出最适合自身学习需要的个性化学习计划。教师可以通过大数据和学习分析掌握学习者的学习状况和学习需求，及时给予指导和帮助，从而提高学习者的学习质量，促进自身教学效果的有效提升。对于教育管理者来说，通过跟踪学习者的各种数据给学习者及时推送个性化学习服务。因此，数据必须准确。此外，为了使大数据和学习分析应用程序运行良好，数据还必须及时。学习分析软件最适合在线课程，这些在线课程是完全的电子交互方式。而传统的面对面课程学习需要有明显的数据转换时间，这是其存在的问题。混合学习课程（一部分是面对面学习，另一部分是在线学习）同样存在数据收集问题，因为混合学习课程在数据传送方式上存在很大差异，学习分析软件有明显的数据空白缺陷，并不能完全覆盖这些数据传送方式。面对面学习环境里的学习数据将会缺失，除非教师愿意手动把这些数据输入学生信息系统。

（2）保护学生的隐私、安全和权利。

学习分析技术在教育应用中存在的安全与隐私问题，严重阻碍了对教育大数据潜在价值的挖掘①。由于学习分析需要收集学生的大量数据，并整合其他的数据库，高校在记录学生的行为时需要注意保护学生的隐私和权利。虽然高校课堂中经常包含了评价学生成绩和学业行为，学习分析经常用班级整体的新层次和范围来记录学生的学习行为，功能强大的学习分析可能会使学习者取得成功，但同时会让学习者的个人信息明显地暴露出来，如会产生侵犯个人隐私，一些同学会持抵触情绪。因此，高校应该采取预防措施来确保在广泛收集学生数据的同时不会滥用数据给伤学习者带来潜在伤害。

（3）强化训练具备丰富的专业技能知识的数据库管理者。

在使用大数据和合理分析时必须有足够的个别化训练，有经验的数据库管理者和设计者能够存储和整合多个文件及多种格式，这些人员还需要具备开发数据库的专门知识。教学设计者与教师应该协同工作去了解学生的学习行为，并从中发现规律和问题，随时应用规律解决问题。另外，未获得教育研究人员的支持，技术管理者应该掌握统计学、决策树和策略映射等方面的知识，以便于设计算法构建预测模型。高校管理者为了开发和利用好大数据和学习分析必须投资于顾问或教师员工的专业发展。这将会花费时间和额外的资源成本，这些投资有可能没有预期的回报。

美国正在努力构建一个包容各个层次的国家级 K－20 数据库。许多州都争取国家资金建设覆盖全州的学生数据库，联邦政府在此基础上建立国家数据库，这对美国教育部在全国范围内开发共同的数据库系统结构方面产生正面的影响。但这个系统在保护学习者隐私、数据安全等方面存在很大风险。大数据和学习分析必须注意这些大型数据库系统的缺陷，不能让其成为侵害个人利益的场所②。

未来，高校会逐步重视构建混合学习环境，并会投入资金开发与维护大数据和学习分析平台。但各个大学推进平台建设时要合理考虑成本，不能盲目投资。这里的成本不仅包括直接开发成本，如软件开发及合同周期等，而且还包括间接成本，如雇佣职员、设计与开发学习分析平台的顾问等。另外，我们也需要考虑在混合学习环境中收集数据的成本，这就需要教师和其他管理人员提供准确和及时的数据。全球各地的大学提供的在线课程时应该满足更多的学习者同时访问，让更多的人享受优质的高等教育资源，但访问人数的增加不会导致高等教育资源的扩展。相反，高等教育政策制定者会提倡大学应该充分利用当前有限的资源和教学技术来解决这

① 赵慧琼，姜强，赵蔚．大数据学习分析的安全与隐私保护研究［J］．现代教育技术，2016，26（3）：5－11.

② GUNN V. Learning analytics, surveillance, and the future of understanding our students [EB/OL]. (2014－05－07)[2017－03－25]. http://srheblog. com/2014/05/07/learning－analytics－surveillance－and the future－of－understanding－our－students.

个问题，在线学习和混合学习被认为是控制成本增加访问量的一个有效途径。实际上，扩大在线学习者的访问量并不意味着有更多人的接受大学教育并完成大学学业，当今许多高校的学生明显减少。学习分析软件在帮助大学确认和评价学习策略方面有巨大的优势，但目前市场上的这些相关的软件最适合于在线学习环境，并不适合于传统教室的面对面学习和混合学习环境。由于数据驱动策略进入大数据和学习分析时代，这些问题会得到逐步解决，高等教育管理者要很好地权衡成本和收益之间的关系，既能科学评价大数据和学习分析在混合学习环境中的成本，又能确保他们在教育管理和学习服务中发挥巨大作用。

7 基于 SOM 聚类法的在线学习分析

当前信息技术的发展产生了大数据，分析数据对研究者来说变得很有必要，因为分析数据使数据变得更有意义①，能发现更多的数据模式②。在大数据分析中需要信息技术支持数据分析，但大数据分析需要更快、高效和更加具有可扩展性的方法储存并处理所有的数据③，从而代替传统数据库技术来处理数据，因为传统的数据库技术无法在大数据环境中正常运行。许多研究项目已经证明在数据分析中发现了更有效的方法。

E - learning 是指使用应用程序或平台进行学习。E - learning 平台包括网络学习、计算机学习、虚拟教室和数字化协作学习等④⑤。E - learning 系统为教师创建、指导和管理在线课程提供了更多的灵活性。教师能设计并安排各种各样的在线学习活动，如测验、论坛、案例和作业等。E - learning 系统也帮助教师有效进行教学管理，如监控学习者的进度和成绩、学生的注册和分级等⑥⑦。为了提高教学质量并有效分配知识，大多数教育机构将 E - learning 整合到教育过程中。教育机构在使用 E - learning 系统中必定会产生大量的数据，这些数据来自学生的个人信息、考试成绩、培训材料、视频课程和在学习中创造的大量数据，这些数据会对学习者未来的学习和教师的教学产生重要的影响。学习分析有助于教师和研究者了解学生使用在线学习平台的方式，从而为实现个性化学习提供新的研究思路和技术支撑⑧。

---

① Gupta, B. , Goul, M. , & Dinter, B. (2015). Business Intelligence and Big Data in Higher Education: Status of a Multi - Year Model Curriculum Development Effort for Business School Undergraduates, MS Graduates, and MBAs. Communications of the Association for Information Systems, 36(1), 23.

② Erwin, K. , Bond, M. , & Jain, A. (2015). Discovering the Language of Data: Personal Pattern Languages and the Social Construction of Meaning from Big Data. Interdisciplinary Science Reviews, 40(1), 44 - 60.

③ Dittrich, J. , & Quiané - Ruiz, J. A. (2012). Efficient big data processing in Hadoop MapReduce. Proceedings of the VLDB Endowment, 5(12), 2014 - 2015.

④ A. Ashraf, H. El - Bakry, S. M. A. El - razek, and Y. El - Mashad. (2015). Handling big data in e - learning. International Journal Advanced Research inComputer Science & Technology (IJARCST 2015), 3(1) on (pp. 47 - 51).

⑤ Okur, M. C. , & Buyukkececi, M. (2014, May). Big data challenges in information engineering curriculum. In EAEEIE (EAEEIE), 2014 25th AnnualConference (pp. 1 - 4). IEEE.

⑥ Romanowski, C. J. , & Raj, R. K. (2013, October). Catching the wave: Big data in the classroom. In Frontiers in Education Conference, 2013 IEEE (pp. 405 - 406). IEEE.

⑦ Graf, S. , & Liu, T. C. (2010). Analysis of learners´navigational behaviour and their learning styles in an online course. Journal of Computer Assisted Learning, 26(2), 116 - 131.

⑧ 牟智佳,武法提,乔治·西蒙斯. 国外学习分析领域的研究现状与趋势分析[J]. 电化教育研究,2016,(4): 18 - 23.

在 E – learning 中，个别化学习的实现增加了自适应技术在 E – learning 中的广泛应用。目前，在线学习环境中普遍缺乏可视化的学生状况和学习表现，这使学习者在网络学习环境中感到非常孤单和乏味。自适应学习系统是一种交互式系统，该系统有效整合了学习内容、学习模式和互动，目的在于努力满足学习者的个性化需求，最终提高学习者的学习成绩①。自适应学习技术支持的 E – learning 能够帮助不同知识水平的学习者，并且努力为学习者创设舒适的个性化在线学习环境。因为在线学习环境可以充分考虑每位学习者的学习兴趣和知识水平，为学习者提供个性化的学习支持和服务。本研究根据 E – learning 中学习者的学习行为利用 SOM 聚类法进行学习分析，进而提出了一种自适应学习环境框架。聚类分析结果将被用于识别和提供给学习者适切的学习材料，满足学习者的个性化学习需要，从而使学习者提升自己的学习成绩。

7.1 研究现状

7.1.1 E – learning 和大数据

E – learning 环境中的大数据并不是新出现的事物，自从互联网兴起以来，E – learning 已经成为现代教育发展中一个重要的学习媒体。在 E – learning 环境中，每个学习者在学习过程中的行为都与系统互动，比如参与在线评估、论坛讨论和其他的在线学习活动都会产生数据，这些数据会被自动记录在日志文件中。当日志文件获得更多的学习活动时，日志文件中数据的数量将会不断增加，最终会产生过量的信息负载。这些数据在教学中非常有用，所以教育大数据的主要问题是如何分析数据，以便获得能够有效改善教学方法的有价值的信息。E – learning 中大量的用户数据会在一定程度上限制数据挖掘，这也可能会造成延迟用户的行为，因此，我们需要寻找合适的方法来解决这个问题②。忽视这个问题会不利于教师的教学效果，对在线学习的学习者来说也会产生不良的影响。例如，没有对教育数据进行分析，学校或教师难以准确了解哪些学生的学习成绩下降，课程学习中有哪些学生需要不同类型学习资源的支持，通过分析学习数据这些问题会得到解决。

当前基于大数据的学习分析和研究对学校和教师很有帮助，因此在教育教学中对大数据进行研究显得非常重要。一些研究表明数据驱动决策能够有效改善组织及

① Beldagli, B., & Adiguzel, T. (2010). Illustrating an ideal adaptive e – learning: A conceptual framework. Procedia – Social and Behavioral Sciences, 2(2), 5755 – 5761.

② Bloom, C. P., & Loftin, R. B. (Eds.). (1998). Facilitating the development and use of interactive learning environments. CRC Press.

其生产力①。对于教师而言，在教学过程中利用数据驱动决策可以使他们有效提升教学效果。在 E－learning 大数据中通过分析学习者的数据，在线学习专家或教师会获得学习者的准确信息。学习分析有助于辅助教师重温整个在线教学过程，弥补了师生分离状态下辅导教师难以了解全班活动的不足②。在教育大数据中，学习技能和课程开发是大数据实施的基础。Zu ③和 Pilioura④ 探讨了在大学课堂上通过大数据分析学习技能对学生学习的重要性。另外，一些研究者提出在大学教育中通过开设大数据课程及专业来解决当前数据分析专业人才严重缺乏的问题⑤。为了有效预测学生毕业后的就业意愿，AbuKousa 和 Atif 通过设计和开发一个应用程序来分析大学生大学学习与生活状态的大数据⑥。

Self 的研究涉及大数据技术管理，目的在于把数据安全地集成到信息化基础设施中。同时，大规模公开在线课程（MOOC）目前是在线学习新的发展趋势，也是教育大数据的典型应用。Pang 对现有的几个较为有名的 MOOC 课程进行调查研究，并分析它们之间的区别。这些 MOOC 大部分的在线课程都是免费使用的，而 Udatacity 的在线课程由行业协会根据学习者的学习水平来提供。

West 和 Siemens 重新审视教育中大数据工具、技术和应用程序，主要学习分析技术包括建模、关系挖掘和知识建模，应用程序包括趋势分析与预测、个性化或自适应学习和结构分析⑦。在对 MOOC 的调查研究中，Govindarajan 提出了一种技术来持续获得学生互动的数据⑧。Admiraal 和 O'Toole 为了对学习进行有效评价，采用同

① Hollands, F. M., & Tirthali, D. (2014). Why do Institutions Offer MOOCs? . Online Learning, 18(3).

② 魏顺平，韩艳辉，王丽娜. 基于学习过程数据挖掘与分析的在线教学反思研究［J］. 现代教育技术，2015，24(6)：89－95.

③ Zhu, Y., & Zuo, J. (2014, August). Probe into setting up big data processing specialty in Chinese universities. In Computer Science & Education (ICCSE), 2014 9th International Conference on (pp. 566－569). IEEE.

④ Pilioura, T., Yu, P. L., Fei, Y., Zeng, Y., Chen, J., Wu, R., Yan. R and Needham, N. (2014, October). Finding gold (star students) in the data mine. In Emerging Technologies for a Smarter World (CEWIT), 2014 11th International Conference & Expo on (pp. 1－6). IEEE.

⑤ Demchenko, Y., Gruengard, E., & Klous, S. (2014, December). Instructional Model for Building Effective Big Data Curricula for Online and Campus Education. In Cloud Computing Technology and Science (CloudCom), 2014 IEEE 6th International Conference on (pp. 935－941). IEEE.

⑥ AbuKhousa, E., & Atif, Y. (2014, December). Big learning data analytics support for engineering career readiness. In Interactive CollaborativeLearning (ICL), 2014 International Conference on (pp. 663－668). IEEE.

⑦ Siemens, G. (2013). Learning analytics: The emergence of a discipline. American Behavioral Scientist, 0002764213498851.

⑧ Govindarajan, K., Somasundaram, T. S., & Kumar, V. S. (2013, December). Continuous Clustering in Big Data Learning Analytics. In Technology forEducation (T4E), 2013 IEEE Fifth International Conference on (pp. 61－64). IEEE.

伴评价的方式进行实验①。Hernández – García 采用社会网络分析来评价学习者的互动并预测学生的学业成绩②。Burnett 使用量规进行多模态评价③。这些方法都是大数据分析应用研究中总结出来的。从以上研究可以看出，这些关于大数据分析的研究覆盖了学习技能、管理、E – learning 媒介和 E – learning 数据分析等领域。这些领域对深入开展 E – learning 大数据分析研究都很重要，在提供学习资源分析时需要大数据技能和课程，管理对确保数据处理流程很重要，数据媒介作为数据资源的传输、储存和显示的载体是十分必要的，分析有利于把学习数据转换成有价值的信息。

7.1.2 学习分析

学习分析（Learning analytics，LA）是发现学习者学习模式的过程。分析通常涉及各种技术，包括用来挖掘数据的机器学习技术。学习分析覆盖到数据的选择、获取、汇总、报告、预测、使用、提取和共享等过程。在学习分析的初级阶段，需要从 E – learning 数据库中选择和获取相关数据，然后进行数据预处理和正式处理，这主要包括数据汇总和报告，这个过程需要根据数据类型选择合适的处理工具或方法，技术工具处理结果对数据预测很有价值④。学习分析结果与学习中心共享以便进行学习策略决策，并及时提示学习者的学习程度。这些过程通过大数据引擎工具来完成，从而有效地处理大数据。从另外一个角度来看，学习分析的过程就是使原始数据达到知识持续性的智慧化水平⑤。

在学习分析应用程序中使用的大部分数据来自学习管理系统，这些数据主要是用户登录信息、参加学习活动情况、评估结果、学习成绩和学生与在线学习资源的互动情况。从 E – learning 数据中获取的知识有助于改善自适应学习环境，学习分析可以通过使用以往和当前的学习数据给学习者提供更加个性化的学习经验，进而满足学习者的学习需求。总地来说，学习分析在 E – learning 中的作用有以下几点：

（1）帮助教师理解学习者如何内化知识。

由于学习者之间的理解水平存在差异，学习分析可以帮助教师了解学习者的学

---

① Admiraal, W., Huisman, B., & Van de Ven, M. (2014). Self – and peer assessment in massive open online courses. International Journal of Higher Education, 3(3), p119.

② Hernández – García, Á., González – González, I., Jiménez – Zarco, A. I., & Chaparro – Peláez, J. (2015). Applying social learning analytics to message boards in online distance learning: A case study. Computers in Human Behavior, 47, 68 – 80.

③ Burnett, R. E., Frazee, A., Hanggi, K., & Madden, A. (2014). A Programmatic Ecology of Assessment: Using a Common Rubric to Evaluate Multimodal Processes and Artifacts. Computers and Composition, 31, 53 – 66.

④ Mandala, S., Abdullah, A. H., & Ismail, A. S. (2013, June). A survey of e – learning security. In ICT for Smart Society (ICISS), 2013 International Conference on (pp. 1 – 6). IEEE.

⑤ Lias, T. E., & Elias, T. (2011). Learning Analytics: The Definitions, the Processes, and the Potential[EB/OL]. [2015 – 12 – 21]. http://learninganalytics.net/LearningAnalytics DefinitionsProcessesPotential.pdf.

习风格，教师可以利用学习者学习过程数据开发更好的课程学习材料。

（2）有助于教师使用即时数据。

在 E - learning 中，分析测试成绩、所有学生课程学习及参与学习活动等即时数据能够有助于教师根据学生的成绩开发相应的评价模型去科学评估每个学习者的课程学习参与水平。这些信息可以帮助教师调整他们的教学计划、教学方法和教学过程，以确保学习者能充分地参与学习活动①。

（3）预测性分析有助于教师的个人专业发展。

教师可以通过分析课程学习数据预测结果，在他们自身的教育领域内了解和获取更为详尽的课程信息和专业知识，预测性分析有助于提高教师的教学业绩和绩效收入②。

（4）通过学习分析有助于进行个性化学习。

学习分析可用于识别课程学习中不爱表现的学习者，这些学习者在学习主动性上落后于其他学习者，或表面上看来在学业上不太可能取得成功的学习者。对在线学习行为投入的评价应关注与绩效和认知发展紧密相关的投入指标，这样才能激励学生参与到对其学习更有价值的活动中③。通过学习分析结果，教师可以准确识别这些学习者，并对这些学习者进行及时有效的干预措施，从而帮助和鼓励他们取得更好的学习成绩。此外，教师还可以根据这些学习者的特征改进课程教学方法和学习活动，以便于提升学习者的学习效果。因此，分析 E - learning 数据对教师来说非常重要，这样可以有效提升学习者的学习效果，也可以改善教师的教学方法。

7.1.3 SOM 聚类

自组织映射（SOM）是一种人工神经网络的体系结构，它已被广泛应用于工业、金融、自然科学、语言学领域中，大量的文本数据库和生物信息学数据使用 SOM 进行聚类，但目前在教育领域中很少使用 SOM 对教育数据进行聚类。利用 SOM 聚类教育数据可以发现稳定的输出模型④，这个模型可用于改进今后的教学过程。这种方法的优点在于使自主学习过程比其他神经网络实现更简单、执行更迅速

① Siemens, G., & Long, P. (2011). Penetrating the Fog: Analytics in Learning and Education. EDUCAUSE review, 46(5), 30.

② van Barneveld, A., Arnold, K. E., & Campbell, J. P. (2012). Analytics in higher education: Establishing a common language. EDUCAUSE learning initiative, 1, 1 - 11.

③ 李爽，等. 在线学习行为投入分析框架与测量指标研究[J]. 开放教育研究，2016，22(2)：78 - 88.

④ Hasan, S. (2010). Enhanced self organizing map with particle swarm optimization for classification problems (Doctoral dissertation, Universiti Teknologi Malaysia, Faculty of Computer Science and Information System).

和培训时间更短，这也是大数据所具备的优势[①]。因此，如何有效地处理大量数据成为当前大数据技术的主要挑战之一，SOM 聚类过程有以下几个步骤：①通过使用随机输入的或线性的初始值创建输入向量的初始值；②根据参数类型选择输入向量；③通过发现最佳匹配单元确定最佳节点；④基于最佳节点确定邻域节点半径；⑤为最佳节点更新权重；⑥重复以上步骤，直到获得最大迭代次数。在 E - learning 系统中利用 SOM 聚类挖掘学习数据是一个学习分析工具，它是基于学习者的行为模式去分析学习者的聚类小组，学习者可以自由地在任何时间和地点使用这个系统，学习者进入这个系统里可以浏览教师准备的课程学习材料。

7.2 自适应学习框架构建

自适应学习系统的设计得以收集学习者的个人特征相关的数据，并通过自适应算法对数据进行处理，为学习者提供个性化的学习资源[②]。基于 Ramesh 等[③]提出的数据挖掘模型本研究提出了自适应学习系统框架，图 7 - 1 为基于 BlackBoard 学习平台的自适应学习系统框架。自适应学习平台实现的难点及关键技术主要集中在知识库的构建、学习者认知水平的诊断以及智能的个性化推送方面[④]。该框架构建的主要目的是基于自适应学习的特征让学生智能化浏览学习材料，该框架主要由四个模块组成：自适应模式、学习者模式、知识库模式和分析模式。该框架在 E - learning 环境和大数据中应用有助于解决两个方面的主要问题：一是可以有效利用学生日志数据的价值，用来了解学生的在线学习行为；二是该框架在知识库模型中为组织各种类型的学习材料提出了一种新的技术，并根据学习者的学习风格和知识水平向学习者呈现个性化的学习材料，而学习风格和知识水平是自适应学习的主要特征。

---

① Cabada, R. Z. , Estrada, M. L. B. , & García, C. A. R. (2011). EDUCA: A web 2.0 authoring tool for developing adaptive and intelligent tutoring systems using a Kohonen network. Expert Systems with Applications, 38(8), 9522 - 9529.

② 葛子刚，杨丽华，马焕新. 割裂还是融合？自适应学习系统设计对于学习风格和认知风格考量的研究现状述评[J]. 中国远程教育，2018，(3)：62 - 69.

③ Ramesh, V. , Parkavi, P. , & Yasodha, P. (2011). Performance analysis of data mining techniques for placement chance prediction. International Journal of Scientific & Engineering Research, 2(8), 1.

④ 王硕烁，马玉慧. 国外典型自适应学习平台的基本框架及其关键技术分析[J]. 开放学习研究，2018，23(1)：48 - 54.

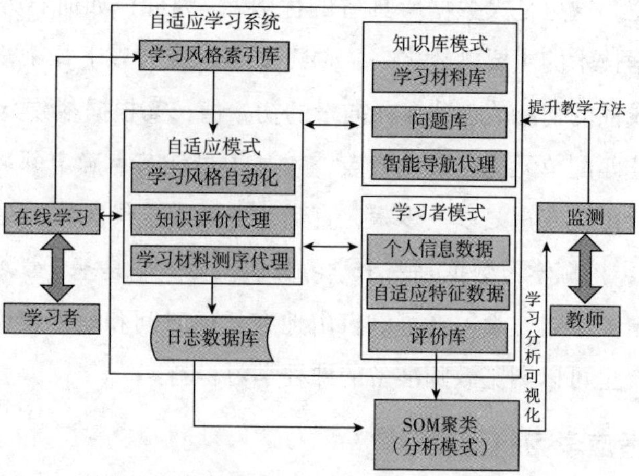

图7－1　基于BlackBoard学习平台的自适应学习系统框架

7.2.1　自适应模式

自适应模式由学习风格自动化、知识评价代理和学习材料测序代理三个部分组成。当学习者初次登录学习系统时，他们需要回答学习风格索引库自动生成的问卷，目的在于了解学习者的学习风格。根据学习者在学习风格索引库问卷中给出的答案，学习风格自动化将自动识别学习者的学习风格并将相关特征信息存储在学习者模式库中。一旦学习者完成了练习、小测验或考试评价，知识评价代理将会运行并获取学习者的评价结果，评价结果将会用于指导不同知识水平的学习者，如初学者、中等水平学习者或高水平学习者，知识评价代理将会在学习过程中反复识别并确认学习者的知识水平。学习风格自动化、知识评价代理与学习者之间持续互动，以适应学习者的学习行为。学习材料测序代理主要处理生成的学习路径和影响学习者适应性特征的相关学习材料，学习材料测序代理也将会被用于为学习者提供评价和建议性学习材料，它们可以作为学习者的附加信息使用。目前的BlackBoard学习平台具备记录学习者在学习过程中每个的学习行为并评价学习者学习活动的功能，学习平台可以将这些信息存储在日志数据库文件中，这些有价值的数据将会通过SOM聚类分析模式来分析学习者的在线学习行为。

7.2.2　知识库模式

知识库模式承担着知识库的功能，主要用于存储课程相关的知识。该模式主要基于图形、分层节点和弧的概念进行开发，节点代表了知识的概念，弧代表节点之间的联系。教师或课程管理员可以直接通过知识库模式来插入和修改学习材料。知识库模式主要由附属配置、知识库和内容调整原则组成。对于每一个学习材料，教师需要明确学习者应该具备的学习水平和学习材料的难度等级，自适应模式利用这些信息为学习者提供个性化的学习材料。当前的 BlackBoard 学习平台支持额外配置信息功能，这可以改善学习环境支持学习者自适应学习的特性。知识库中的学习内容的组织按照层次顺序排列，课程作为起始点，每门课程都与章节知识点相关联，每个章节由各种学习主题组成，每个学习主题会链接到学习目标和评价。每一个学习材料都由一系列各种相关的学习资源组成。依据学习目标，利用一个超链接服务，可以把课程相关学科的学习资源呈现出来，如相关术语和定义等。图 7 –2 描述了在知识库模式中知识库的组织结构。

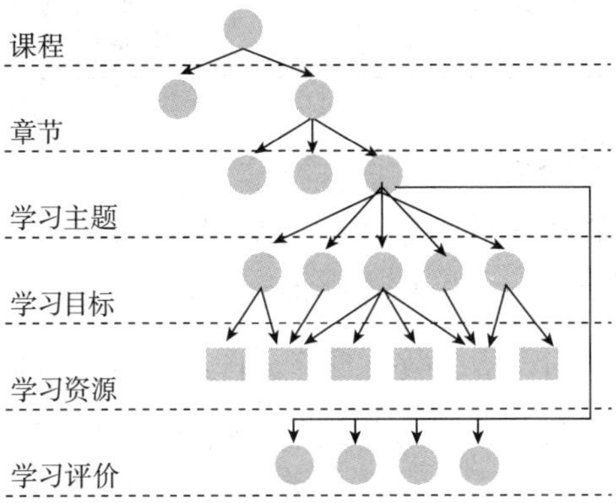

图 7 –2　知识库的组织结构

内容调整原则是基于自适应特征、学习风格（视觉和语言方面）和知识水平进行设计，表 7 –1 给出了自适应学习系统的知识呈现策略。课程单元的组成分为五大类：①文本类：课程单元知识中包含的文本；②图形类：主要包括图片和视频；③示例类：样本或附加信息；④基本信息类：包含课程的基本内容，如标题、概念、相关文本、图表、案例和评价等；⑤附加信息类：有助于扩展学习者的理解和学习范围的补充学习资源。智能导航代理主要用于引导和帮助学生去浏览自适应学习系统的各个链接和页面，该代理还负责在系统展示区域内以结构化的方式呈现所有的学习材料。

表 7 –1　学习内容调整原则

学习者水平	学习风格	
	视觉	口头语言
初学者	文本：基本信息类 图形：基本信息类 + 附加信息类 示例：基本信息类 评价：测试	文本：基本信息类 + 附加信息类 图形：基本信息类 示例：基本信息类 + 附加信息类 评价：测试

续表

学习者水平	学习风格	
	视觉	口头语言
中等水平学习者	文本：基本信息类 图形：基本信息类 + 附加信息类 示例：基本信息类 评价：测试 + 个性化学习服务	文本：基本信息类 + 附加信息类 图形：基本信息类 示例：基本信息类 + 附加信息类 评价：测试 + 个性化学习服务
高水平学习者	文本：基本信息类 图形：基本信息类 + 附加信息类 示例：基本信息类 评价：个性化学习服务	文本：基本信息类 + 附加信息类 图形：基本信息类 示例：基本信息类 + 附加信息类 评价：个性化学习服务

7.2.3 学习者模式

学习者模式主要展示学习者的相关信息，具体来说，主要包含三个方面的信息：学习者的个人信息数据、自适应特征数据和评价库。个人信息数据包括学生姓名、学号、电子邮箱，目前的评价分数信息等。自适应特征数据包括学习风格（视觉或语言）和知识水平（高级、中级和初级）。评价库主要存储学习者每次测验和考试的结果和分数。学习风格和知识水平信息很大程度上依赖于学习者对学习风格索引库问卷的回答结果以及考试或测验的评价分数，这些数据信息由系统自动更新。

7.2.4 分析模式

从基于大数据的自适应学习过程中可知，既需要考虑学生个性化特征，又要考虑从海量数据中挖掘有价值的个性化学习信息方法等①。分析模式是自适应学习系统框架的最后一个环节，该模式的作用是为教师提供更多量化的证据，从而为教师提供和准备个性化教学信息，而且可以帮助教师为学生的学习状态和行为方面作出决策。在该框架中，我们采用 SOM 数据挖掘技术从日志数据库中捕捉数据来识别学习者的在线学习行为。SOM 将会把日志数据库中的历史数据和学习者模式中的个人信息作为输入信息进行分析。导航代理将利用分析模式生成的结果去改进学习者的学习方法，如果有必要的话，还可以为一些有特定需求的学习者提供个性化的学习材料。

7.3 应用案例介绍

本研究的应用案例基于 BlackBoard 在线学习平台利用数据挖掘技术来分析学习者的在线学习行为。应用案例研究过程如下：

① 姜强，等．基于大数据的个性化自适应在线学习分析模型及实现[J]．中国电化教育，2015，(1)：85－92.

7.3.1 数据采集和预处理

该研究使用的数据是通过 BlackBoard 在线学习平台日志文件库中获取的，主要从《程序设计语言》课程中搜集学习者 2017—2018 学年第一学期在线学习活动的情况，数据记录是从第一周到第十四周的教学和学习过程，最终的数据以 Excel 格式从 BlackBoard 在线学习平台中下载。在数据下载时，可以自由选择下载与研究需求相关的数据，这些数据包括日志文件库中记录的所有学习者的学习行为信息等。数据收集的信息主要包括课程名称、访问时间、IP 地址、用户 ID、用户行为和学生的个人信息等。与此同时，为了保证数据的准确性和有效性，还需要清除一些干扰性的数据和与研究无关的数据，如管理员行为、教育者行为和使用这个课程学习系统的其他用户行为等。因此，过滤数据的目的是为了准确获取学生使用过的相关数据。学习者的在线学习行为信息主要包括教育者为学习者准备的学习材料模块信息，如学习任务模块、论坛模块、学习资源模块和其他模块。因此，基于学习者的在线学习行为分析本研究重点关注课程模块、学习任务模块和学习资源模块的数据。数据收集过程是通过连续追踪学习者在 14 周的时间所产生的学习行为数据，学习者在线学习行为数据类型如表 7-2 所示。当学习者在线浏览学习材料时，我们可以通过以下九种变量来分析学习者的在线学习行为。

表 7-2 学习者的在线学习行为数据类型

模块	定义变量	学习行为	解释
课程	courseV	课程查看	在学习环境中包含的学习主题信息、资源显示等
学习任务	assignV	任务查看	允许查看与学习任务相关的信息
	assignS	任务提交	允许学习者按要求提交作品
学习资源	asgI	个人学习任务	允许学习者查看和下载学习任务材料并单独完成
	asgG	小组学习任务	允许学习者查看和下载学习任务材料并通过小组协作完成
	Exe	练习题	允许学习者查看和下载特定主题的练习题
	P_ exam	考试材料	允许学习者查看和下载考试准备材料
	Notes	注释	允许学习者查看和下载每个主题的注释
	Example	示例	允许学习者查看和下载特定主题的示例

7.3.2 结果分析

在线学习系统中的原始数据经过筛选后，剩余的数据是本研究所关注的数据，也是学习者浏览在线学习系统时所产生的学习行为数据。数据库记录的学习行为数据是基于 14 周内学习者每周的在线学习行为统计出来的。本研究利用 SOM 聚类法处理这些数据并把处理结果应用于下一个学习主题。从日志数据库中提取的在线学习数据包括用 ARFF 格式编写的学习者交互行为数据，在 SOM 聚类分析之前需要对这些数据进行标准化处理。图 7－3 显示了学习者在第 1 周注释学习行为聚类的可视化分析结果。

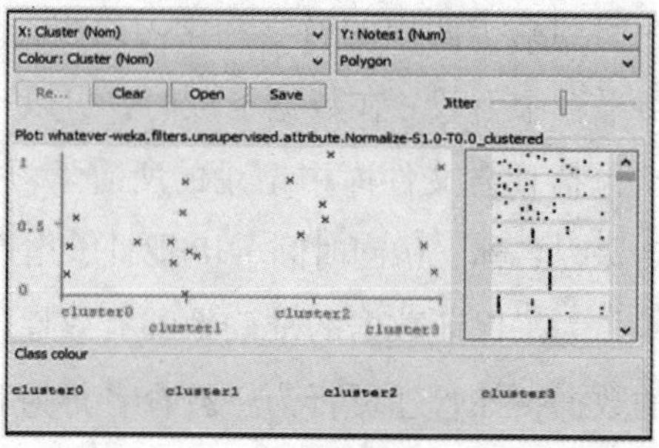

图 7－3　学习者注释学习行为的 SOM 聚类分析可视化结果

该实验使用的数据来自为期 14 周的 BlackBoard 在线学习平台日志数据库，该数据库包含了 29 名学习者在线学习的学习行为情况。在对这些学习者的学习行为数据进行聚类分析的基础上形成了四个聚类小组，5 名学生在聚类小组 0，10 名学生在聚类小组 1，9 名学生在聚类小组 2，5 名学生在聚类小组 3，聚类小组分析结果如图 7－4 所示。该聚类小组分析结果是主要对学习者的自主学习行为数据进行分析后得到的，同时图 7－4 也显示了每一个聚类小组的在线学习访问量。结果表明，在整个 14 周的学习中，聚类小组 2 的学习者有 72% 的在线学习访问量用来积极浏览在线学习资源，聚类小组 1、聚类小组 3 的在线学习访问量分别为 70% 和 64%，聚类小组 0 的在线学习访问量为 57%。尽管聚类小组 1 的学生数量比其他聚类小组多，图 7－4 显示出聚类小组 2 在 14 周的在线学习中有最高频次的在线学习行为。聚类小组 2 的学习者喜欢从在线学习资源中浏览并下载相关案例，在课程学习中也会采取更多的学习实践，并在学习任务模块中表现得更为活跃。

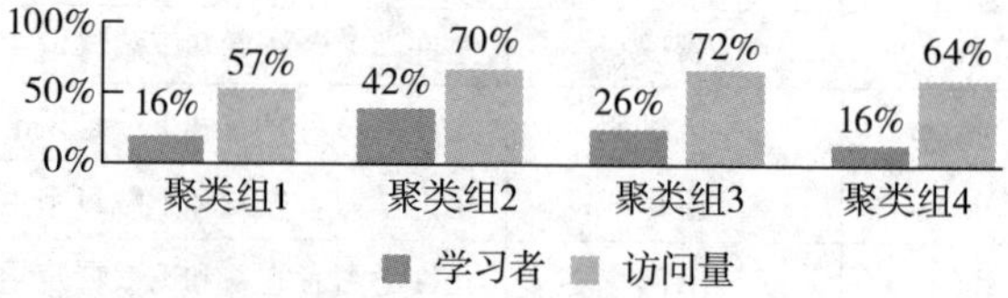

图 7－4　基于 SOM 的学习者聚类小组分析结果

图 7－5 展示了 2017—2018 学年第一学期第 1 周学习者在线学习行为的聚类分析结果。在学期初每个聚类小组都显示有为一定的学习目标而进行浏览和下载活动，聚类小组 2 中的学生参与在线学习的热情最高，大部分学生积极地观看在线课程并下载笔记。在第一周的在线学习过程中每个聚类小组的学生基本上都会访问在线课

程并观看课程内容，以了解《程序设计语言》课程的基础知识和学习计划。通常情况下在学期开学前，教师不会通过在线学习平台安排太多的学习活动，所以学习者只需要下载相关笔记为正式的在线课堂学习做好准备。图 7 –5 中部分学习行为值为 0，表明该聚类小组的学习者没有发生该种在线学习行为。此外，在第一周没有布置具体的学习任务或者练习题，学习者不需要在线提交该种类型的资料，因此学习任务或者练习题的值为 0。

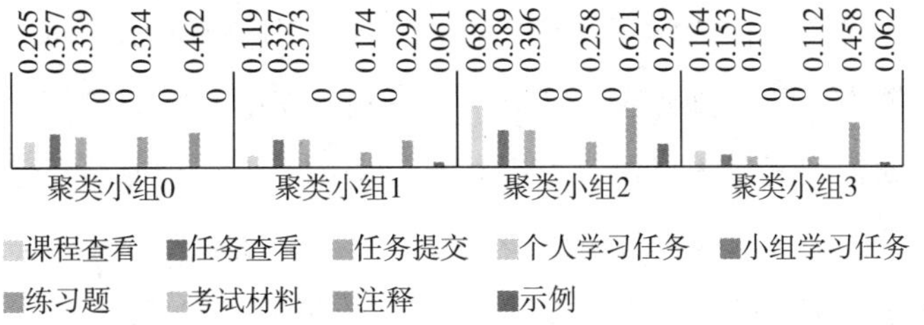

图 7 –5　第 1 周学习者在线学习行为的聚类分析结果

图 7 –6 显示了第 8 周学习者在线学习行为的聚类分析结果，在第 8 周每个学习者需要参加期中测试来为他们的课程结课考核成绩增加分数，因为期中测试是整个课程考核的重要环节，要在课程结课考核成绩中占据 20% 的比例。由于学生为了准备期中测试需要做更多的复习工作，他们在该周内的在线学习行为有了一定的变化。聚类小组 3 中的学生将更多的时间和精力放在期中测试准备上，所以在学习任务方面关注较少。

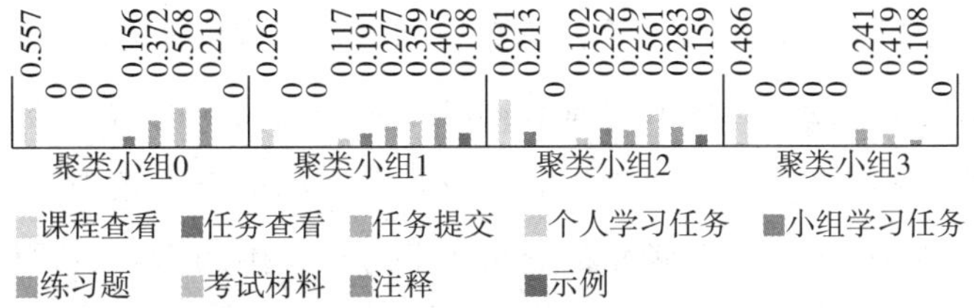

图 7 –6　第 8 周学习者在线学习行为的聚类分析结果

图 7 –7 显示了第 14 周学习者在线学习行为的聚类分析结果，第 14 周是本课程学习在该学期的最后一周时间，学习者在示例方面的访问量相对于其他学习活动是最高的，其他学习活动的访问量在这学期 14 周的在线学习中处于最低，这主要是因为学习者在课程结课考试前希望查看相关示例来为他们的结课考试做好准备。

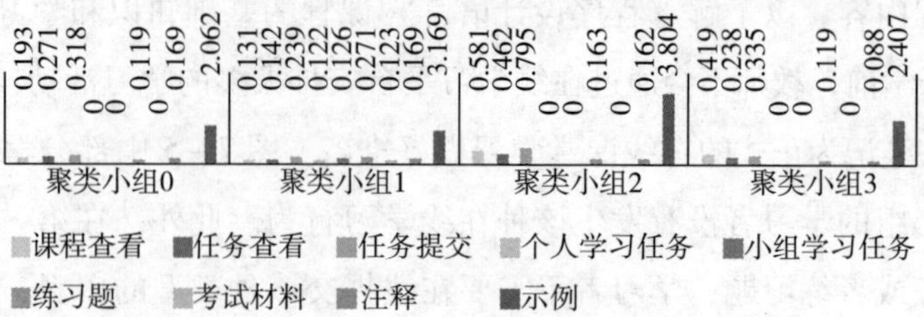

图 7-7　第 14 周学习者在线学习行为的聚类分析结果

以上不同时间段的在线学习行为 SOM 聚类分析结果表明，每一个聚类小组在 E-learning 环境中对学习资源有不同的学习模式。在第 1 周，相对于其他学习活动，学习者只对下载相关笔记感兴趣，喜欢对学习课程有一个概括性的基础认识。而在学期中间第 8 周，学习者会表现出较多的学习行为，参与的学习活动较多，并会更专注于课程期中测试的准备工作。在最后一周（第 14 周）的在线学习过程中，学习者的学习活动节奏会放缓，这主要是因为学习者要复习更多的示例，以便加深他们对课程结课考试相关学习材料的理解。从本次实验结果可以看出，从学期开始到学期末学习者参与了各种各样的在线学习活动。SOM 聚类分析结果可以有效帮助教师根据学生对已有学习材料的学习行为来预测学习者的未来表现，比如教师可以在学期末提供更多示例和练习题来帮助学生顺利通过课程结课考试。

7.4　本章总结

本研究基于自适应学习的特点提出了一个适合学习者进行在线学习的应用框架，该框架主要通过 BlackBoard 学习平台体现支持学习者的各种学习风格和学习水平。SOM 聚类分析能够基于学习者在 BlackBoard 学习平台的访问量分类显示各种各样的聚类学习小组，学习者在该学期的各个阶段有着不同的学习表现。通过分析学生当前的学习行为和知识水平，该研究希望能在学习过程中为学习者提供有价值的学习解决方案，使学习者根据自身的学习风格和知识水平来获得适合自己的个性化学习资源，从而达到对学习成果更高的理解水平。本研究也发现使用大数据引擎工具实现大数据库系统化分析有着广阔的研究空间，大数据引擎工具可以直接处理现场数据并把传输结果可视化。随着大数据和学习分析技术的深入应用，未来将通过学习分析工具定义学生的学习行为模式，学习分析工具也将与学习行为实时数据整合在一起，比如学生的课堂行为、在线学习行为和以及基于 LMS 的交互行为等。未来应对交互行为数据进行深层次挖掘，为学习分析提供新的理论见解①。通过实时的在

① 刘三女牙，等．网络环境下群体互动学习分析的应用研究——基于社会网络分析的视角[J]．中国电化教育，2017，(2)：5-12.

线学习及课堂学习行为分析、诊断、预警与评价，教师和教育管理者可以准确识别考核可能不及格的学习者，并为学习者设计可视化数据来及时告知他们在在线学习或混合学习中的当前学习结果。因为利用在线学习行为数据辅助动态生成学习效果，是对在线教育最客观的分析①。

① 胡艺龄，等．在线学习行为分析建模及挖掘[J]．开放教育研究，2017，20(2)：102－110.

8　考试质量在线测评系统的设计

——以经典测试理论和项目反应理论为基础

考试作为教学效果的有效手段，在教学过程中发挥着重要的作用。通常人们只重视考试结果而缺乏对考试结果的分析以及对考试质量的综合评估。考试质量评估涉及数学、教育统计等学科，公式繁杂，数据繁多，加之近年来高校扩招，学生数量庞大，此项工作量巨大。考试质量分析是学校日常教学管理工作之一，是评价学生学习效果和教师教学质量的重要依据，更是教学质量分析和监控的重要环节①。长期以来，由于考试质量分析数据采集和分析工作量大、质量分析不规范等原因导致考试质量分析简单化，甚至流于形式，而网络技术的普及为突破传统的考试质量分析方式提供了技术支持。在线测试系统是传统考场的延伸，它可以利用网络的无限广阔空间，随时随地地对学生进行测试，大大简化了传统测试的过程②。本研究主要从理论和实践两个方面研究考试质量评估体系，我们期望能在定量的基础上揭示影响考试的因素对结果的影响程度和链接关系，使我们的考试能最大化地反映学生的真实水平，以便达到优化教学结构和教学过程的目的。

8.1　目前的考试测评系统存在的问题

目前的考试体系通常是由教师出题，学生直接作答，然后评分得出成绩，作出评价。我们一般更多地去关心考试的分数而忽视了考试的其他指标，从而造成对学生学习水平的过高或过低地估计和评价。目前，关于成绩分析软件以及成绩分析系统目前在国内有不少版本，我们也了解试用了“永中试卷分析系统”“大拇指成绩分析系统”“中小学成绩分析系统”等，但这些软件都或多或少地存在以下缺陷：①乏指导性和实用性；②重结果性评价轻形成性评价；③可靠性很低，对学生发展不利；④生成报表格式相对固定，不能满足教师的实际需求；⑤缺乏共享和多任务机制。因此，要开发适合某地区的成绩分析软件，只有本地学校的教师参与和编写软件，并了解学生的真正需求才能更好地适应本地教育的实际需求。

8.2　考试质量测评系统的评价对象及步骤

该考试质量测评系统建立在评价研究的理论基础上的，采用的方法也基本是评

① 胡中锋．教育测量与评价[M]．广州：广东高等教育出版社，1999：31－35.

② 张琴珠．计算机辅助教育[M]．北京：高等教育出版社，2003：155－157.

价的研究方法。

8.2.1 评价内容

（1）评价对象。

这是指被评价，被研究的人或事物，在教育技术学研究中，评价对象是要是教学过程、教学资源、学生学习效果、教学管理等各方面。而在该系统的设计中，评价对象是学生的学习效果（考试成绩）。

（2）评价指标体系。

它是评价研究的工具，通过它有目的地进行资料的搜集、整理、分析；同时，它又是评价依据，依据它作出有价值的评价。在本软件的设计评价体系中，评价指标体系包括：最高分、最低分、平均分、标准差、方差、频数分布、成绩分布、偏度、峰度、信度、效度、区分度。

（3）评价者。

评价者理论上包括组织机关领导、研究人员、专家，同行、教师、学生，评价对象自身等。而本软件的评判者是教师。评价研究的三要素及关系图如图 8－1 所示。

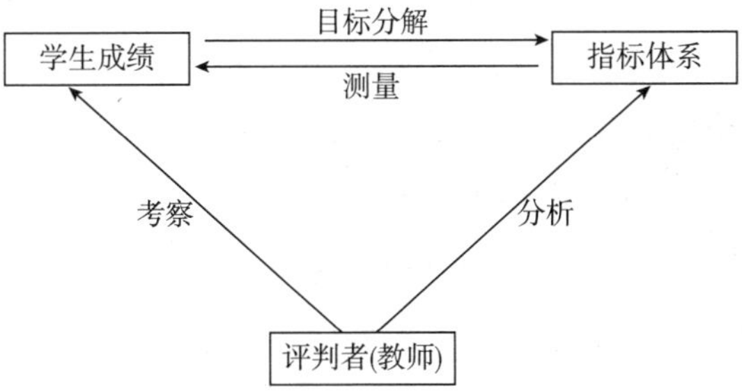

图 8－1 评价研究的要素

8.2.2 评价研究的基本步骤

在进行评价研究时，首先要建立评价指标体系，这包括评价要素、评价指标和指标加权。然后是收集资料，该评价系统收集资料的方法是通过在线考试系统来获得学生的考试成绩，作为研究的最基本资料。其次是鉴别资料，由于我们还要对考试成绩做信度和效度的测评，所以资料的鉴别将在者两项指标中得到体现。最后是价值判断和评价结果的综述，对本系统而言，价值判断就是根据上述评价指标的算法就行运算和估计，作出价值等级的归属。综合各个要素的值及其权重，得出评价总分，并根据总分和各要素的得分，作出等级评定或差异比较，或达标程度，或发展程度的价值性描述和判断①。本测评系统评价研究的基本步骤如图 8－2 所示。

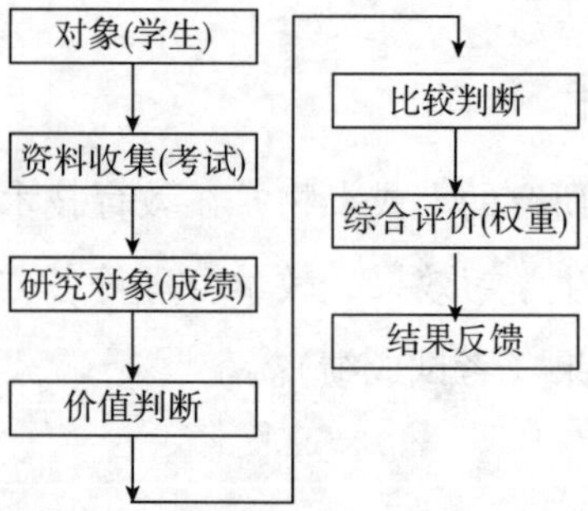

图 8－2　评价的基本步骤

8.3　考试质量在线测评系统的理论基础及设计

8.3.1　信度系数的估计

一种合理的、有效的测试，其测试数据（得分）应具备一定的特性。在这些特性中，最重要的是信赖性（信度）和妥当性（效度）。在考试质量分析中，学生的成绩分布是重要的分析基础和诊断依据。影响考试效度的原因很多，效度数值一般不高，该值只能作为教师定性分析的参考，最重要的是内容效度（试题内容与教学内容和教学大纲一致性）分析。内容效度是试卷定性分析中不可或缺的重要部分。考试结果是多个复杂因素综合作用的结果，抽象化的统计指标数据只能反映一般的统计特征，这些特征所蕴含的内在规律要借助于对试卷的定性分析才有所依附，因此，以上评价标准只能作为教师定性分析的参考，而不能作为定论。而在该系统的设计与实现中，一般的考试质量量度，如最高分、最低分、平均分、标准差、方差、频数分布、成绩分布、偏度、峰度等是很容易实现的，其理论基础和实现方法都已经相当成熟，并已经在各类考试中广泛运用，而评估试卷质量的诊断性指标（信度、效度、区分度）则在传统的考试成绩质量分析中运用的很少，因为他们是不容易被量化表达测出的。因此，我们在此软件的设计中，着重设计实现一种方法，来量化信度、效度、区分度指标，并进行测量分析，使老师能很直观地得到这些信息的量度。

8.3.2　效度系数（妥当性）的估计

妥当性是表示测试结果心理特性的概念和量度。妥当性用于表示测试结果与测试目的间的匹配程度，即通过测试的结果在多大程度上能达到预定测试目的的要求。

① 何克抗．教育技术学研究方法[M]．北京：北京师范大学出版社，2003：38－40.

妥当性是测试的一种基本的特性。测试的妥当性，往往以效度所表示。影响测验信度的因素主要有题目的数量、分数的分布、题目的难度等。

8.3.3 测试的误差

测试过程中，由于各种原因，会使测试产生一定的误差。测试误差产生的原因是多方面的，有心理的因素、有测试实施的因素、有测试环境的因素、有评分标准的因素，也有评分人员的因素等。由于误差只能减小，不可能消除，因此我们只讨论理论误差和系统误差，其他不可预见性误差和人为误差我们不做讨论。

理论误差我们因为在软件设计时采用二参数逻辑斯蒂模型，该模型已经包含了误差。我们再讨论就没有必要了。而系统误差，我们则采取扩大试题库的方法和多次测试的方法来减小误差，理论上只要这些足够大，误差就可忽略不计。因此，我们在测试系统中强烈建议老师的单科题目在100道以上，测试两次以上。

（1）二参数逻辑斯谛模型。

具有难度参数和区分度参数的二参数逻辑斯谛模型如下所示[①]。

$$p(\theta) = \frac{1}{1 + \exp[Da(\theta - b)]}$$

式中，$p(\theta)$ 为被测试者正确应答（简称正答）的概率；D 为常数，我们称之为量表因子，且有 $D = 1.7$；为被测试者的能力参数；a 为区分度参数；b 为难度参数；$\exp(y)$ 为的另一表示形式。

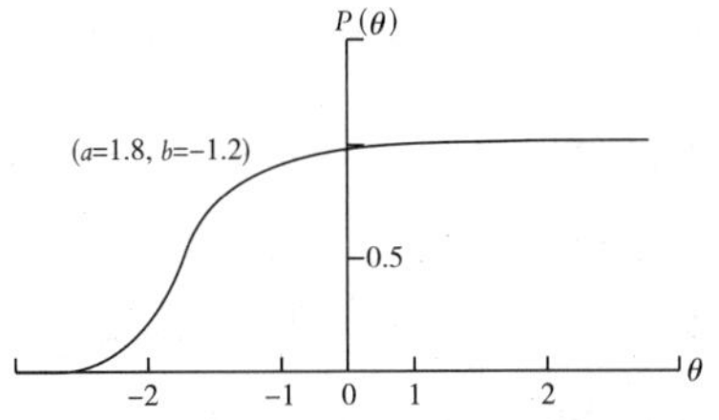

图 8－3 逻辑斯谛模型实例

图 8－3 给出了这种逻辑斯谛模型的一个实例。由图可知，当被测试者的能力参数正向地逐渐增加时，项目的正答率逐渐增加，最后趋近于1。反之，随着被测试者的能力参数逐渐减小，项目的正答率亦随之减小，并逐渐趋近于零。如图 8－4 所示的曲线为项目反应曲线。该项目反应曲线表示了项目的正答率随被测试者能力参数的高低而上、下变化，且这种变化是按指数曲线的规律变化的。

图 8－4 给出了两条难度参数不同的项目反应曲线，从它可以看出，难度参数对

① 傅德荣，章慧敏．教育信息处理[M]．北京：北京师范大学出版社，2001：114－133.

项目反应曲线的影响。如图中所表示的那样，项目 1 的难度参数 $b=-1.2$，项目 2 的难度参数 $b=1.2$，显然，项目 1 较为容易，项目 2 较为困难。对于项目 1，能力参数 θ 较低的被测试者（只要 $\theta \geqslant -1.2$），其正答概率就可达到 0.5。对于项目 2，只有能力参数较高的被测试者（$\theta \geqslant 1.2$），其正答概率才能达到 0.5。由于难度参数 b 的增加，项目反应曲线沿能力参数 θ 增加的方向平移。它表示难度参数高的项目，需要能力参数高的被测试者才能给出正确的应答。

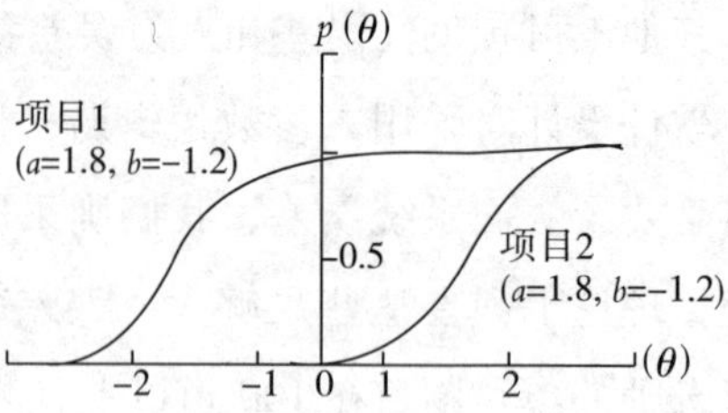

图 8-4　两条难度参数不同的项目反应曲线

（2）区分度参数。

项目的区分度表示了在一定难度参数的情况下，由于被测试者能力参数的不同，其正答概率有多大程度的不同。显然，这种不同的程度越高，项目对不同能力参数的被测试者的区分度亦越高。

（3）局部独立性与单因子性。

项目反应理论具有局部独立性和单因子性的假设。所谓局部独立性是指能力参数 θ 一定时，被测试者对各个项目的应答应独立进行统计。设 xj 表示对项目 j 应答的二值变量，当被测试者的应答是正确时，$xj=1$，若是错误的，$xj=0$。当测试满足局部独立性假设时，该测试是一种单因子的测试，即测试是一种仅由 θ 这种单因子决定的一维测试。反之，测试在 θ 一定时，是一种多维性的测试。它表示，测试过程中，不仅被测试者的能力参数影响其应答的结果，还存在着除 θ 以外的其他能力和因子影响被测试者的应答。

8.3.4　能力参数与项目参数的估计

能力参数估计是一种在测试的各种项目参数已知的情况下，对被测试者能力参数的估计，其主要方法有最大似然法和贝叶斯法。由于以上两种方法都要求有较大范围的样本，测试项目不能低于 30 项，被测试者不能小于 400 人，因此不适用本软件，具体方法我们不做介绍，所以本软件采用教师通过平时学习经验估计或考试测评能力参数所得的数据进行比较估计。

8.3.5 以项目反应理论为基础的试题库设计与优化

（1）项目库及其应用。

在项目反应理论的应用过程中，涉及项目及其估计值的数量较多，我们将它称之为项目群或项目组。实际使用过程中，除项目参数外，还应了解包括测试项目的制作者、制作时间与项目相关的事项及被测试者的应答信息等各种信息。为了使用方便，我们应将这些信息置入数据库进行管理，称这样的数据库为项目数据库。根据测试的要求和目的的不同，可利用项目数据编辑出相应的测试试卷。此外，也可以根据项目反应理论，将基于测试结果的能力参数估计值与以往测试结果进行比较。在编辑测试项目时，信息函数具有重要的意义。在 θ 轴上，测试信息函数较高，表示在该范围内，能力参数估计制的精度较高①。因此，如果利用计算机及其相应的软件，当我们给出相应的 θ 范围、测试信息函数 $I(\theta)$ 的大小和测试的项目数后，计算机就能很快地编辑出接近这些要求的测试试卷。如果配以合适的打印机和印刷设备，就能做到在教学现场实时地生成试卷，进行测试。其过程如图 8－5 所示。

（2）自适应测试。

一般的测试中，对被测试者言，不仅包括难度适中的测试项目，也包括某种过难或过于容易的测试项目。为了避免这种问题的产生，可采用自适应测试。利用计算机可以实现自适应测试。这种自适应测试是测试项目对被测试者能力的自适应。自适应测试是这样进行的：从测试项目的应答结果可对被测试者的能力水平进行估计（或估计值的修正）。根据估计的能力水平，从项目数据库中检索出与之匹配的、适宜的测试项目。

为了提高测试的效率，应做到以较少的测试项目，实现被测试者能力的高精度估计。根据所估计的能力水平，对项目库中的测试项目进行检索时，应基于项目的信息函数 $Ij(\theta)$ 进行选择。一般，总是选择那些 $Ij(\theta)$ 最大的项目，它对被测试者具有最好的分辨能力。与此同时，还应考虑项目的难度水平，应在测试精度高，难度适中的要求下决定用于测试的项目。自适应测试中，应根据不同的测试者提供相应版本的测试，利用项目反应理论，对不同测试者的能力水平实现有效的比较。综合以上理论基础设计了该测评系统的流程图，如图 8－5 所示。

---

① 傅德荣，章慧敏．教育信息处理[M]．北京：北京师范大学出版社，2001：114－133.

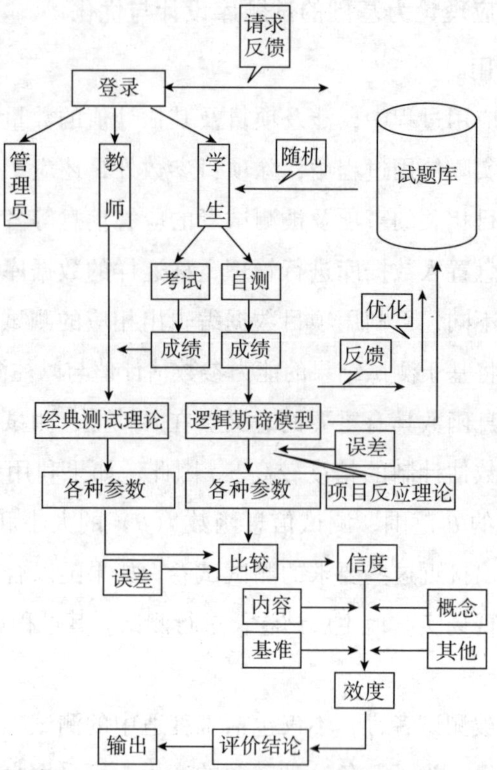

图 8－5　基于经典测试理论和项目反应理论的考试测评系统设计流程图

8.3.6　考试质量在线测评系统总体功能结构设计

本系统的开发总目标是通过在线测试系统和成绩评价系统实现管理员对用户信息的管理；实现教师对试卷的管理和学生的管理，主要是生成试卷、修改试卷、浏览试卷以及对考生成绩的查询；实现学生在线测试与成绩查询，当学生考完试后，就可以查询自己本次测试所得的成绩以及在线论坛等。该在线测试系统概括三个子系统，分别是学生子系统、教师子系统、管理员子系统，这三大模块都采用框架的设计方案来搭建的，首页主要用来用户之间的互换使用。其中，首页上就是用户登录、注销登录、退出系统。系统总体设计框架结构图如图 8－6 所示。

（1）密码保护模块：根据不同 ID 的权限进入不同的界面，进行相应权限的操作。

（2）基本信息录入模块：包括“登录权限设定”“考试名称”“年级”“科目”“学生基本信息”“考试成绩”“成绩输出”“考试成绩评价”等。

（3）成绩录入模块：可以通过软件实现多学科的成绩录入，提高分数采集的效率。

（4）班主任分析模块：根据班主任的需求生成班级的基本学生分数统计表（包

括每位学生的总分、平均分、名次等）；为每位学生生成成绩分析单（包括成绩折线图即几次考试的成绩变化、各科分数、各科的最低分和最高分、班主任的个性化评语或图片等内容）。

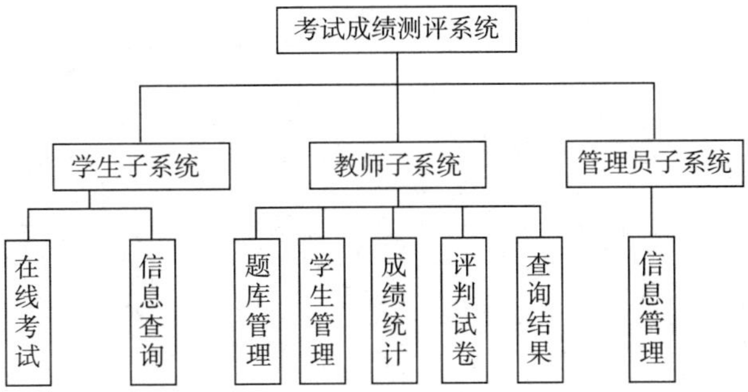

图 8-6　系统总体功能框架

（5）任课教师分析模块：学科考试分析统计即生成相应的校、区各种分析报表，如统计各班各分数段人数、平均分、及格率、优秀率等；可以根据教师的点选平均分、及格率等生成各种折线、柱状图等分析图表。可以根据的点选班级、大题及小题等生成卷面等分统计分析表，可以比较不同班不同学生的得分情况，为教师针对性的讲题提供依据，为教师今后的命题提供参考。

（6）查询与打印模块：实现“报表生成模块”各种相应成绩的查询和输出功能。

（7）成绩分析：实现对成绩的分析。包括最高分、最低分、及格率、优秀率、方差、标准差、难度、效度、信度的评定和输出。

8.4　本章小结

教师通过考试质量在线测评系统可以对自己的教学活动、教学设计、教学水平、教学效果进行有效审视，反思教学得失，提出建议和改进措施，因此，考试质量在线测评系统是教学质量监控的重要环节之一，但考试质量分析毕竟是事后监控，如果考试的目的、方法本身出了问题，不能与人才培养目标相适应，不能促进学生创新能力和应用能力的发展，即便试卷的质量参数显示很好，也不能算是一次高质量的考试，充其量只能算是一个成功的应试教育考试，另外还要把形成性考核与终结性考试结合起来，形成性考核与终结性考试是开放教育教学过程中学习测评的两个最重要的环节，要科学把握好两者之间的相关性①。提高教育考试质量的前提是要进行考试改革，采用与人才培养规格相适应的考试方式，特别是在以培养应用型人才

① 教学督导办公室．开放教育终结性考试的调查与分析[J]．江苏广播电视大学学报，2008(4)：10-13.

为主的高校，更要通过考试促进学生应用能力的提高。教学管理者在建立考试质量在线测评系统的同时，必须注重推动考试改革研究和实践，从源头抓起，关注事前监控，充分发挥教育考试的作用，全面提高教育教学质量。

第3部分

CSCL对学习效果的影响

9 动画在 CSCL 中对互动学习效果的影响

如果我们知道在一台计算机前有两个学习者在协作学习，那么对该计算机教育软件的设计是否应该不同呢？这个问题可以作为 CSCL（Computer Supported Collaborative Learning 即计算机支持的协作学习）的一个特定的研究领域来探究，该研究领域属于 CSCL 微观世界的研究范畴。在 CSCL 中，微观世界主要通过学习者之间的互动形成的，这一教学活动可以概括为设计对话①。在协作学习的过程中，交互是激发和产生共同知识的基本活动单元，交流会话是协作产生的基础②。认知交流工具的作用已经被社会文化理论所重视，并作为 CSCL 互动环境设计的重要原则之一。同步对话工具可以协调学习者之间的互动，例如，两名在线学习者在计算机上通过图形符号来进行科学知识对话，彼此共享一个图形编辑器，可以通过这个编辑器相互传递文本、图形等信息，他们可以把图形编辑器里面的数据、图形等定义为对话的表情和特定的含义，比如，“A 支持 B”“A 不赞成 B”等可以用“笑脸”或者“摇头”图形来定义对话结构，这种对话方式是在社会互动中形成的。这个例子主要用来说明 CSCL 的互动方式，其中的社会互动对学习效果有间接的影响。在 CSCL 中可以开发出更多具有普及性的互动方式，本研究主要讨论的是动画互动效果对 CSCL 的影响。

9.1 动画对对话互动学习的作用和设计原则

互动在某种程度上会极大影响学习者的社会交往，在社会文化理论中提到，学习者之间通过讨论和推理学习任务来逐步学习掌握语言工具。学伴为了共同理解和完成学习任务可以通过计算机网络与外界交流，虽然这不是完成学习任务的唯一认知交流方式，但这是学习者最基本最有效的学习方式。学习者可以通过对话互动来了解对方是否已经明白自己的意思，也可用来修正可能存在的误解，实际上，两个对话者通过合作交流可以提高沟通的效率③。换句话说，互动需要更加细致全面的交流。这些研究结果是依据皮亚杰认知心理学理论，主要关注互动在社会交往中的

---

① Roschelle.（1992）Learning by collaborating：convergent conceptual change[J]. The Journal of the Learning Sciences 2，235 – 276.

② 刘黄玲子，黄荣怀. CSCL 交互研究的理论模型[J]. 中国电化教育，2005，(5)：9 – 13.

③ Clark H. H. & Brennan S.（1991）Grounding incommunication. In Perspectives on Socially Shared Cognition（eds L. B. Resnick，J. Levine & S. D. Teasley）[M]. pp. 127 – 149. APA，Washington，DC.

作用。学习成果是通过互动活动和信息交流来体现其价值的，从这个意义上可以把“设计对话”理解为向学伴阐述和展示自己学习成果以及认识的活动方式。在CSCL互动环境中，学习者围绕主题或者项目通过互动进行知识建构。知识建构是指在CSCL环境中个体基于特定的学习任务，通过一种协作、有目的的活动，与他人一起不断创建和修正公共知识的过程①。因此，对话机制的研究成为CSCL的核心要素。然而，在CSCL中，这种互动活动应该是动态的开放式的，保持动态互动的持续性对对话机制的构建至关重要②。在CSCL中，可以通过提供动画教学材料来不断激发学习者之间的对话互动。

从教育心理学的角度来讲，多媒体教学中动画的互动效果要好于纯静态教材，因为动画可以很生动形象地演示一些自然现象、工作原理等动态系统，如雷雨闪电、人体呼吸系统等。然而，目前国内还没有进行相关的实证研究来证明动画的互动效果要好于纯静态教材。动画的主要缺点是在一定条件下容易产生较高的认知负荷。动画教材包含大量信息，播放速度较快，学习者自主学习观看动画时无法在短时间接收、处理并消化大量涌入的信息，这种情况下必然会产生较高的认知负荷③。这一理论主要围绕自主学习进行研究的，如果动画提供给一个小组进行学习，这个结果会怎样呢？Schnotz等进行了实验研究发现，在小组协作学习环境下动画会使学习者产生的认知负荷适当④。这是因为小组成员在规定的时间内通过分工协作接收、处理并消化动画呈现的大量信息。小组成员在协作过程中，常常会涌现一些新的观点、思路和策略，学习者之间的协作可以丰富自身的知识、技能结构，提高解决问题的能力和创新能力⑤。另外，在协作学习过程中小组内部与小组之间要进行沟通和管理，这会极大地减少认知负荷超过多的现象。

在CSCL中运用动画设计对话互动应该体现以下原则：互动性、便捷性、真实性和持续性，持续性是CSCL环境中运用动画最为重要的原则。因为动画教材具有瞬时性，学习者观看动画如果不连续，动画播放时隐时现，学习者接收到的知识体系容易支离破碎，这就不利于小组的协作，也可能会妨碍小组成员的知识建构。

---

① 杨惠，吕圣娟等．CSCL中学习者人际交往对高水平知识建构的影响[J]．开放教育研究，2009，(2)：81－85.

② Dillenbourg P. & Bétrancourt. (2006) Collaboration load. In Handling Complexity in Learning Environments: Research and Theory (eds J. Elen & R. E. Clark) [M], pp. 141－165, Advances in Learning and Instruction Series. Elsevier, Amsterdam.

③ Sweller. (2003) Evolution of human cognitive architecture[J]. In The Psychology of Learning and Motivation, Vol. 43 (ed. B. H. Ross), pp. 215－266. Academic Press, NewYork.

④ Schnotz W., Böckheler. & Grzondziel H. (1999) Individualand co－operative learning with animated pictures[J]. European Journal of Psychology of Education 14, 245－265.

⑤ 李热爱．计算机支持的协作学习效果评价研究[D]．南昌：江西财经大学，2009，12.

9.2 动画对对话互动学习的影响分析

为了验证动画产生认知负荷的假设，我们在 CSCL 中提供持续的辅助工具来保证动画教材的正常运行。首先提出假设，如果学习者在观看动画时对动画内容熟悉，有一定的前提知识基础，那么学习者的认知负荷可能会降低：学习者不需要花很多时间记住，他们可以简单地点击鼠标浏览一边。此时，动画可以有效支持学习者共同协作以及知识建构。为此，我们利用微软公司开发的基于 P2P 技术的协同软件工具 Groove 构建课堂协作学习环境，并进行实验。在大学 6 个班级中结合《数字摄影与摄像技术》这门课程中的“摄像机的构成及工作原理”进行前端测试实验，测试主要围绕以下问题展开：

（1）静态教材与动画的互动效果是否存在差异?

（2）动画在自主学习和小组协作学习中的影响是否存在差异?

受测者为教育技术学专业本科三、四年级的在校学生，共 120 人，6 个人一组，持续参加该项课程的学习和相关测试。学习成绩是学习者学习效果的重要体现，因此，测试成绩是考核和区别差异的主要方法。在这里，我们总结的主要测试成果。通过课堂提问、主题发言及在线测试发现，学习者通过动画学习成绩比通过静态教材学习成绩高，课堂学习情绪高涨，互动性强。主要结论有以下两点：

（1）在小组协作学习环境中学习者使用动画比静态教材的学习成绩高，而在自主学习环境下动画和静态教材对学习者的学习成绩的影响没有明显差别。

（2）小组协作学习环境中学习者使用动画学习时产生的认知负荷较低，而在个人自主学习环境中的学习者使用动画学习会产生多余的认知负荷。

以上研究结论需要进一步分析在不同的协作环境是否存在差异性。目前，学界对 CSCL 的研究方法已经从传统的控制条件变量的实验范式到互动范式，互动范式的探究可以更好地处理自变量和因变量之间的关系（图 9 – 1），用这样的范式不同的互动模式都可以进行深入研究，如共享、论证、协商以及创作等。以上结论是对图 9 – 1 所提出问题的详细回答，与研究问题有关的社会认知过程可以很好地解释协作学习环境的学习成果。因此，我们有必要对小组学习的口头互动模式进行探究，因为口头互动模式是 CSCL 中最常见的研究案例，它可以作为过程变量来研究 CSCL 的互动学习效果。

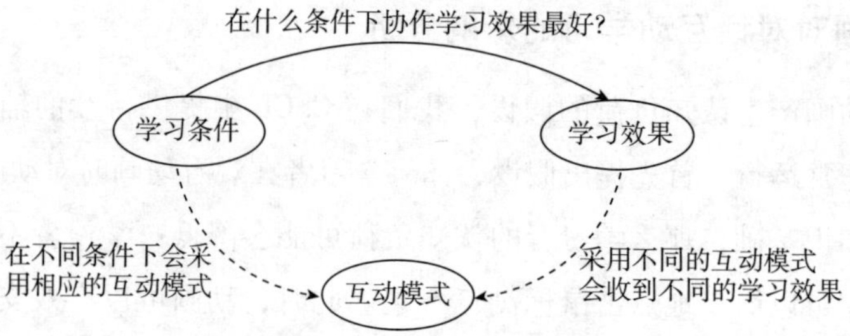

图 9－1　CSCL 研究的问题

9.2.1　研究问题的提出

虽然前面所提到的研究的主要目的是探讨动画在独立的和协作的学习环境中对学习成果的影响，但我们在这里所提出的问题，目的在于对从协作环境中所获得的结果进行后期测试：不同形式的多媒体（静态的/动态的；持续的/暂时的）是如何对合作过程产生影响的？因此，我们在探讨教交流的基础上对过程组进行多次深入的分析，这些分析回答了以下两个问题：

（1）不同的交互模式只有在特定的条件下才会出现么？

（2）交互形式的差异与学习结果相关么？

关于第一个研究问题，我们的假设，不同的学习情境或学习条件意味着需要采用不同的交互形式，而不同的交互形式反过来对学习效果将会产生间接的影响。那么针对第二个研究问题，我们期望能提供有意义的类似阐述的语言以获得更好的学习表现。因此，在交互学习过程的关键步骤中，深入的语言交流可能会引发对动画的优势和劣势深入理解。

9.2.2　研究方法

本研究通过问卷调查法和在线测试收集学习者的前测和后测数据，并利用内容分析法对动画互动学习与 CSCL 的关系数据进行分析；通过内容分析法以及评价设计方案对分析出的数据利用 SPSS 统计软件做进一步的相关分析，得出这些数据所包含的统计学意义，进而揭示所蕴含的一般性特征，以验证在研究中作出的假设。

9.2.3　研究内容

（1）参与者。

参与协作学习的是教育技术学专业本科三年级的在校学生，共 60 人（23 女，37 男，平均年龄 21 岁）。我们围绕“摄像机的构成及工作原理”动画学习材料中提到的主题，通过一套多项选择题对参与者的原有知识进行了测试。测试表明涉及的主题领域中，所有的参与者都是十足的新手。20 个被随机分配到不同的小组中。实验小组分配情况如下：36 个同性小组（26 个男性组和 10 个女性组）和 24 个学生混合小组。实验结果表明，在这些情境中，同一性别小组与混合性别小组之间无明显差异。一半小组参加实验操作课程，另一半参加基础理论课程。每类课程都分配了相同数量的小组，而这些课程都与上边所提到的小组相关联。实验表明，课堂教学效果并没有明显差异。由于动画的技术问题，最终的实验分析包括 10 个分组学习（5 个动画和 5 个静态）。

（2）多媒体教学材料。

与实验相关的教学材料包括两个不同的学习主题，他们分别被按照特定的顺序连续展示。第一个主题是摄像机的构成，第二个是对摄像机的工作原理分析。有关这两个领域的材料都遵循有经验教师的建议做了设计。基于以下两个原因，我们选择了这些知识。第一，这些知识从本质上来讲都具备动态特性，将要求学习者形成一个动态的构思模型。第二，这些知识都处在变化之中（转化、变形、变迁）而适合做动画。这两个主题同时也是完全独立的，并且像预期的那样不会出现知识转移的可能性。

针对这两个学习主题的实验条件，我们分别发布了四种不同版本的学习材料，每一个版本都由 12 个连续的媒体序列组成，每一个媒体序列则由为动态条件准备的动画或为静态条件准备的静态图片组成。所选择的每一个序列都是为了说明摄像机组成及其工作原理，而这些动画和静态教材都有同样的规格标准，并且被分别排列出来。同时，列出的还有与动画同步的录音（平均持续时间为 8 秒）。针对静态教材，我们完全使用说明性强的框架来表示，这些框架是与每一个为动态现象制作的动态图片相对应的。针对这些多媒体序列，参与者可以暂停也可以通过点击按钮播放下一个序列，但只能看到或听到一次。

9.2.4 实施步骤

我们使用 Flash 软件对教材内容进行加工使之完全自动化，而且针对不同的情境严格设计相同的步骤。在试验最初，参与者身处同一环境各用一台电脑，自主参与一项旨在挑出领域新手的简短测试，考查他们关于摄像机的前提知识。这项测试目的在于挑出本话题领域的新手。之后，在对学习材料有了基本的了解之后，两人一组共用一台电脑展开合作学习。

根据实验情境（是否有持续动画对比静态教材）给参与协作学习的小组呈现特定的多媒体材料。在两个序列之间，要求参与者明确上一序列结束之后给学习带来的变化，以此激发学习同伴之间的交流。他们只能点击按钮进入下一个模块的学习，而动画/静态小组的参与者只能在暂停期间才能进入上一学习序列的主模块。两个模块之间的时间也严格是实验的一部分，在这期间参与者不能停止正在播放的课件也不能对其进行任何编辑。在任一情境中，参与者不了解关于学习序列的任何信息。

协作学习结束之后，参与者将被重新分配到不同的小组中，重新进行个人关于主题的知识测试。测试包含16个多项选择题：9个保留题目（用来测试参与者对学习材料的常规记忆），7个推理题目（用于测试参与者对学习材料的理解能力）。常规问题的答案在课件中给予说明，参与者必须自主探究得出推理题目的正确答案。针对第二个教学主题，对参与者进行板块构造的先决知识测试之后，将展开同样的学习序列。与之相对应的实验材料将在同一台电脑上提供给协作学习者，参与者被分离单独完成包含16个问题（9个常规问题，7个推理问题）“摄像机学习测试”。

（1）言语互动规范。

小组协作学习的视频记录详加注释。话轮交替作为语料的标准，其方案适用于交流演示。当学习者重复完成上一多媒体学习模块中的内容时，信息呈现方式被认为是低效的（图9－2和表9－1）。整合了各种元素的语言以媒介的形式不同的模块中出现，而当学习者根据自身的先决知识将语言融入从未被涉及的多媒体材料中时，学习才是高效的。任务管理模块包含如何正确使用交互界面。交互管理模块则告诉学习者如何协作交流。整个语料库有5350种话语，用两种独立编码器编码，其Cronbachs´Alpha编码信度＝0.91，$p<0.0001$。

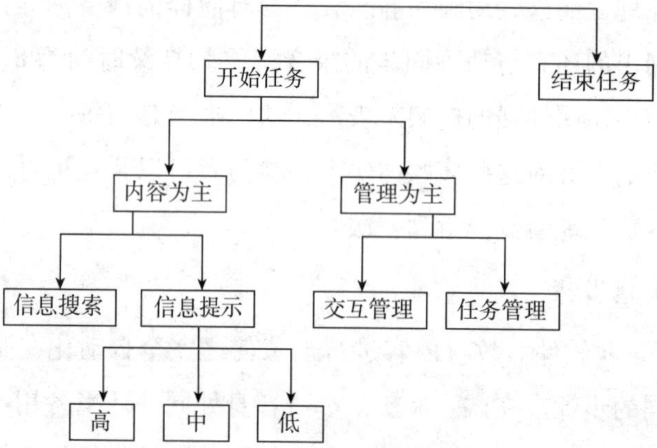

图9－2　言语交互规范方案

表9－1　分类言语互动信息示例

类别	信息示例
信息搜索	你知道摄像机的基本构成和工作原理吗
信息提示：低语料	摄像机拍摄的画面是动态连续的画面
中等语料	摄像机和照相机有很明显区别，对不对
高语料	我认为无论是模拟摄像机还是数字摄像机，它们都有同样的工作原理

续表

类别	信息示例
交互管理	请一个同学再来总结一下摄像机的基本构成。请举手
任务管理	请同学们打开摄像机，检查摄像机的各项指标是否正常
结束任务	我对摄像机有了清晰的认识，我很开心

两个模块之间的时间也被严格计算在交互响应范围内。一般来讲，回顾已知概念的时间可以精确到6.7秒。在反应时间上，静态教材与画之间并没有太大的区别（动画 =27.3 秒，静态教材 =26 秒）。在回顾学习内容时间段内，小组用到的语料平均差异数位39.7（根据我们的分段编码分析），这个数据在不同的情境中差异不大。因此，在之后的分析中，我们使用语料/每分钟率来表达差异。另外，鉴于无任务语料的数量非常少（少于0.03%），其相关结果在这里忽略不计。关键问题在于如何影响到过程变量的？对参数的单变量分析有助于我们弄清学习情境是如何影响社会认知过程的，$\alpha=0.05$ 的水平因子出现在所有的统计分析中。

（2）动画元素。

研究结果表明，在静态（$M=3.14$，$sd=1.24$）和动态（$M=3.24$，$sd=1.46$）情境下，在协作过程中所产生的语料总量并没有显著的差异。考虑到第一级别编码策略（如内容为主和项目为主的分类方法），动画因子并不能影响到“内容为主”的语料［静态：$M=2.72$；动态：$M=2.70$］。与静态情境参与者相比，动态情境参与者用到了更多的“管理为主”的语料（$M=0.54$，$SD=0.40$）。但不管从任何一个方面分析，结果都没有显著差异。

从第二级别和第三级别的编码水平分析，表 9－2 表明动画因素并不能给“信息搜索”和“交互管理”模块带来明显的语料。尽管如此，动画因素在“任务管理”模块的语料取得了可喜的成果。与静态组相比，动态组的参与者更倾向于在“任务管理”模块中创造更多的语料。

表 9－2　从第二级别和第三级别分类编码平均数和标准差

	内容为主			管理为主		
	HE	MID	LO	IS	IM	TM
Means（standard deviations）						
静态教材	0.96（0.82）	0.32（0.25）	1.40（0.83）	0.46（0.52）	0.22（0.18）	0.22（0.19）
动画教材	1.20（0.96）	0.26（0.23）	1.38（0.77）	0.39（0.26）	0.26（0.26）	0.35（0.37）
持续学习	0.93（0.85）	0.26（0.22）	1.15（0.72）	0.35（0.31）	0.18（0.16）	0.33（0.30）
非持续学习	1.16（0.88）	0.38（0.27）	1.59（0.85）	0.45（0.40）	0.25（0.12）	0.24（0.27）

注：HE：高语料；MID：中等语料；LO：低语料；IS：信息搜索语料；IM：交互管理语料；TM：任务管理语料。

9.2.5 过程变量与学习结果之间的关系分析

为了回答提出的第二个研究问题，如何理解即协作成员之间的交互与学习结果之间的关系，我们研究了皮尔森相关系数的过程变量与学习表现之间的关联性原理。研究结果证实了言语交流的重要性。协作学习过程中，如果单位时间内（每分钟）的语料总量越多，那么学习者的记忆力和推理能力将更突出。更准确地讲，从第一级别的策略出发，皮尔森相关系数学说更关注“内容为主”模块的记忆和推理表现。以“管理为主”的语料库则只在推理能力方面表现更突出。因此，可以这么说，与学习内容相关的交互活动对学习结果的影响更大。

皮尔森相关系数的两类学习结果（记忆和推理）与第三级别和第四级别（不同程度的信息描述、信息获取、互动调节以及任务管理）的六种信息沟通方式的相关性分析如表 9－3 所示。三分之一的信息沟通方式对学习结果产生明显和积极的影响。如表 9－3 所示，“强信息描述”的语料产出与记忆［$r(76)=0.367$，$p<0.001$］和推理［$r(76)=0.404$，$p<0.001$］的结果相关性高。因此，类似“强信息描述”类的语料的产出与对信息的记忆和理解有很大关系。但是，也不可否认，“互动调节”语料同学习结果之间的关系不容忽视。研究结果表明，“互动调节”语料的产出与记忆［$r(76)=0.345$，$p<0.009$］和推理能力关系密切。

表 9－3 学习结果与互动形式之间的关系

	内容为主			管理为主		
	HE	MID	LO	IS	IM	TM
学习参与者（$N=60$）						
记忆	0.368＊＊	0.188	0.089	－0.055	0.346＊＊	0.002
推理	0.406＊＊	0.157	－0.064	－0.068	0.297＊＊	0.081

注：＊＊$p<0.01$。

总地来说，“内容为主”的语料产出对学习结果的影响较大。有关“内容为主”的语料进一步的研究表明，只有制定详细表述的语料才能更好地促进学习。“调节为主”的语料则只对与推理判断有关的学习产生影响。经过深入的研究，我们发现这种相互影响的关系用“交互调节”语料与学习结果之间的关联解释比较合适。

接下来探讨第二个研究问题，即过程变量与学习结果之间的关系。对第二个问题的研究将有助于第一个问题的理解。在文章的最后一部分，我们将探讨语言交互变量在调节持续快照对学习者的推理能力不利影响。皮尔森相关系数研究为精细加工的语料与学习结果之间的关系提供了有力的支撑，对语言进行精细加工并对构建精细加工知识有帮助的活动的触发机制作出解释，为学习者提供经过精细加工的信息将有助于他们对关注反方向推理和知识之间的差异，“交互调节”语料的使用同样对学习有帮助。但这个结果是比较难以解释的，根据严格的认知负荷模型分析，诸如冲突协调之类的交互调节过程都会对学习者产生额外的认知负荷。因此，在学习过程中合作调整越多，随之而来的问题也越多，进而对学习产生更多的负面影响。这些语料的使用频率是一个经过严格设计的协作学习过程的重要指示，为特定的协作学习所做的努力需要达成共识。因此，可以这样认为只有在协作过程中融入相应的规则才能带来更好的学习效果。换句话说，卓有成效的互动管理及更好的相互制约机制已经被证明能带来更好的合作过程。

之前的研究表明，在协作学习过程中，动态教材比静态教材更有利于学习。然而，对过程变量的深入研究则让我们大失所望。动画对参与者的语言互动并不能带来实质性的影响。唯一可能的解释就是我们的编码系统可能忽视了某些重要的互动因素。正是这些因素在动画与有效的学习之间起着重要的作用。进一步讲，这些影响用过称变量而不是社会交互更容易解释。然而，这种解释仍存在争议，动画对学习者个体的推理能力并没有多大的影响①。因此，加强动画图片的效果不能只归咎于认知过程。事实上，动画对学习者的有效影响只出现在合作环境中。这就启发我们，学习者之间的交互能够激发社会认知过程的发生，然而这种社会认知并不能得到质的解释。不论哪种情况，有关协作学习过程中的动画的使用的结果同过去的研究都是矛盾的。一个可能的解释是，动画被人为分解成了一些有意义的序列，协作由交替多媒体互动阶段和社会合作阶段共同构成。由于参与协作学习的双方对学习材料完全陌生，而且需要在同一时间对其作出探讨。因此，我们没有理由期望认知负荷的累加（例如，由多媒体内容所带来的负荷双倍于社会协作所带来的负荷量）。无论如何，这个理论唯独解释了动画的使用效果对学习伙伴的学习并不带来负面影响。

根据对第二个因素的分析，按照严格步骤呈现的持续动画则带来了更一致的研究结果。连续出示的动画对语料的产出率产生负面影响。确切地讲，会有三个类别的语料在其影响下，产出率大大降低。分别是：低/中等水平加工的信息和交互调节。信息沟通时协作学习的基础。随着语料产出率的降低，连续播放的动画似乎也降低了协作学习的程度。动画降低了语言交流的频率进而影响到学习结果。动画对学习结果的负面影响显然应归咎于信息的交流和协调受到了破坏。这种破坏正是由

---

① Rebetez C., Bétrancourt M., Sangin M. & Dillenbourg P. (2005) Collaborer pour mieux apprendre d' une animation. Proceedings of the 17th International Conference on Francophone sur l' Interaction Homme - Machine[C]; 27 - 30 Sep, Toulouse, France (pp. 171 - 176), International conferenceproceedings series. ACMPress, Toulouse.

于动画提供了帮助记忆的信息同时降低了协作水平带来的。从另一方面来讲，动画似乎明显促进了协作学习中语料的产出。然而，这些语料与学习目的的关联度并不高，甚至可能降低学习者对学习内容高度相关的信息的交流。

9.3 本章小结

本研究深入分析了协作学习过程，与静态教材相比，动画支持的协作学习在一定的条件支持下相对来说更有效。尽管这些结论有待于进一步深入验证，但我们相信，在某些特定的情境下，动画在动态教材的呈示方面给学习者提供了额外的协作学习机会，对动画加以分割可以给协作者提供讨论材料的机会。在讨论过程中，学习者可以对教材形成独自的见解。我们认为提供连续的动画信息似乎无助于有效的协作学习，但这一结论与直觉完全相反，因此我们希望有更深入的探究。对交互水平的研究过程表明，连续的关键信息用动画呈示将大大降低学习者之间对学习材料交流，但对学习界面的处理更有效。从中我们可以得出这样的启发，教学设计者应该慎重考虑社会认知带来的假象。这些负面效应将对认知和协作过程产生不利影响。通过增强动画界面的交互性能，将阻碍学习者之间社交，这就是我们通常所说的“分裂互动效应”。

10 面对面学习和 CSCL 对专业学习效果的影响

20 世纪 80 年代后期，计算机辅助教育大多数是以单个学习者为基础，个别化学习过程是它的主要特征。最近几年，CSCL（Computer Supported Collaborative Learning，即计算机支持的协作学习）已引起学界专家的关注，因为它能使个人学习和小组学习达到同样的效果。CSCL 是基于建构主义学习理论，更加强调学习者之间通过社会协作和教学互动来提高能力。建构主义理论指导的在线学习通过软件平台提供的新技术变成可能，这意味着可以通过多种通信方式促进老师与学生之间、学生与学生之间的社会互动，计算机技术可用于促进协作学习、协作辩论以及基于协作的多种知识建构①。在线学习被描述为使用电子技术传送、支持和提高教与学，马西（Massy）在 2003 年欧洲在线学习调查的结果中指出，有 61% 的应答者负面地评价了在线学习质量，他们认为在线学习质量“一般”或“差”，然而只有不超过 1% 的应答者评价他们在线经历的是“好的”和只有 5% 的应答者评价是“非常好”②。这说明在线学习还是存在一定的弊端。

10.1 研究问题

不仅在线学习用户，而且许多大学教师也担忧在线学习，他们认为教育机构为远程教育提供网络课程来提高教学质量引发了人们对在线学习质量的讨论。远程教育期望通过提供虚拟学习环境来提高教育质量的做法被更多人认可。虚拟学习环境的反对者认为在线环境下的教学是不合理的，因为在线课程的教育质量能得到提高是由于教与学是动态的过程，这个过程受益于面对面情境中呈现的非语言暗示。缺少非语言的声音和身体暗示会否认在线学习用户关于合作者的特征、情绪和态度等重要信息，这会造成交流障碍和通信无效③。从社会网络的角度分析，在线交流与面对面的交流存在着较大的差异，在线学习课程的开发与设计需要充分考虑到这些差异，以进一步提高在线交流的质量④。

---

① Molinari, D. L. The role of social comments in problem - solving groups in an online class[J]. The American Journal of Distance Education, 2004, 18(2), 89 - 101.

② Massy, J. Quality and eLearning in Europe: Summary report 2002[R]. Reading: Bizmedia, 2003.

③ Walther, J. B., Loh, T., & Granka, L. Let me count the ways. The Interchange of Verbal and Nonverbal Cues in Computer - Mediated and Face - to - Face Affinity[J]. Journal of Language and Social Psychology, 2005, 24(1), 36 - 65.

④ 陈向东，等. 在线和面对面学习环境下交流模式的比较[J]. 开放教育研究，2008, 5(14): 74 - 79.

网络与大学课程整合增加了学生与教师、学生与学生、学生与学习材料以及学生与专家之间的互动，在线社会互动在人与人之间产生的影响力甚至会大于那些在面对面的小组互动的影响力，因为人际关系与现实学习环境无关的各种影响因素已经从互动关系中被剔除掉了①。一些人认为，CSCL 不仅对大学生而且甚至对已毕业的学生的潜在作用会超出传统的教室环境，它提供给学习者最新的高质量的教育来提高专业技能，而我们通常只在小范围面对面学习或专业学校进行教学。CSCL 的特定主要特征比如非同步的小组讨论、协作解决问题、反思性探究、以能力为导向的学习成果和教师的协调角色对学习心理的探究可能是有帮助的。但在面对面的学习中，知识成为社会建构的方式，这种方式在传统教室中会经常出现，这也是 CSCL 在线学习无法取代的。学生经常会对相同的阅读材料形成不同的观点和解释，而且这些不同观点在 CSCL 中比面对面的即时交流会表现得更加流畅。更重要的是，全体教师和学生在 CSCL 中会更充分地利用学习资源以及共享学习经验，并为学习者在他们的讨论中提供更多的机会使用非同步的通信进行反思性和主动性学习。在非同步交流的世界中，学习者在表达自己观点之前有充足的时间查阅资料和分析他人的观点②。但这些理论上的观点仅仅停留在经验上的分析，缺乏实证数据的支持。甚至有的研究仅仅关注 CSCL 学习本身，没有区别同步和非同步的通信模式下的在线学习，也不考虑像需要的协作程度、教师角色以及学生角色等这些关键变量，这就需要实证数据来验证这些观点。

10.2 研究思路

10.2.1 研究问题

（1）面对面学习和 CSCL 在提高学科知识和专业技能方面哪个更有效？

（2）教师特征（有较短或较长在线和面对面的教学经验）对学生的学习效果是否有影响？

（3）面对面学习和 CSCL 中学习策略、个性特征和其他心理变量（如解决问题、社交能力、学术水平等）对学生学习效果是否有影响？

10.2.2 参与者

参与该实验的是本科四年级的在校学生和专业教师，专业教师全部具有硕士以上学历，5 年以上教学经验的 2 名，5 年以下教学经验的 3 名。由于大四学生经历了

① Wang, Y. Internet Uses in University Courses[J]. International Journal on E－Learning, 2007, 6(2), 279－292.

② Rudestam, K. E. Distributed Education and the Role of On－line Learning in Training Professional Psychologists [J]. Professional Psychology: Research and Practice, 2004, 35(4), 427－432.

大学三年多的学习和生活，马上要毕业离校参加工作，心智比较成熟，对大学专业学习有比较全面的认识，参与该研究比较合适。参与实验的学生有90人，一共分为10个小组，每个小组的成员在性别、年龄和学习水平上分配均衡，其中五个小组（42位学生）随机分配参与CSCL实验，另外五个小组（48位学生）参与面对面学习实验。参与实验的学生平均年龄是23岁，女性占54%，男性占46%。

10.2.3 研究设计与实施步骤

五位老师分别通过面对面学习和CSCL进行专业教学，在教学中教师注重小组协作学习模式的应用。这些教师都具有硕士以上学历及教师资格证书，他们在面对面学习和CSCL利用协作学习进行教学方面的拥有不同的经验，他们可以分为以下几种类型：

（1）具有较长的CSCL教学和面对面教学经验。

（2）具有较短的CSCL教学经验，但有较长的面对面教学经验。

（3）具有较长的CSCL经验，但具有较短的面对面教学经验。

（4）刚参加工作的教师，具有较短的面对面和CSCL教学经验。

本研究建立了专业范围内的10个研讨课题，该课题涉及专业课学习中常见的问题，要完成课题必须理论结合实际，在查阅大量相关资料的同时，需要进行深入讨论，以便对课题有深入的认识，从而完成课题任务取得较好的效果。在课题讨论中教师与每个小组的主要成员交流来分析和了解小组的协作学习状况，每个研讨课题分为八个模块，每个模块设计了特定的学习目标和小组任务，并且每个模块规定在3个小时内完成，每个小组事先选择好面对面学习或CSCL环境，前者一般在普通教室里进行，后者在网络教室里进行。面对面学习的学生在教室环境下学习完成小组任务，并且被分成协作学习活动小组。CSCL的学生完全通过在线协作学习完成小组任务，课题研讨的开始时，CSCL的学生要接受在线技术与工具功能的培训与指导（比如BlackBoard在线学习平台的使用），以便完成小组课题调研与总结。

10.2.4 测试方法

以下测试项目适用于参加课题研讨活动的所有成员。

（1）我们用两个问卷调查表来评估学生的学习结果，经过检验，这些量表的Cronbach's alpha是0.84：

①知识认知问卷调查表，测量学生对具体的研讨课题了解程度。

②一份30个多项选择题的测试（真实的知识调查表），测试有多少学生了解研讨课题。为了避免先前测试记忆的影响，我们把测试分为前后两个部分，前15个测试题为第一部分，然后再进行后15个题的测试，每个项目有四个选择项，正确答案

只有一个，每一部分最大的得分是15。

(2) 评估学生在小组（选取其中的4到5名学生）中知识获取能力，用成绩评定的方式考核学生在自己选择的学习环境下运用合适的技术进行课题研讨的能力，这种评估方式满意度为96%。

(3) 评估学生在处理问题和解决问题时的创新能力，我们用了14个项目测试学生在解决问题时的自我效能认知情况（PSEPS）经过检验，这些量表的Cronbach′s alpha是0.87。

(4) 评估学生对学习环境的适应能力，我们用15项社会效能认知量表（SPSE）来测试学生在社会情境中所扮演的角色。经过检验，这些量表的Cronbach′s alpha是0.91。

(5) 用调查表测量学生的个性。调查表由13个项目组成，每个项目的应答者指出他们在五点刻度上同意或者不同意，从1（对我非常不真实）到5（对我非常真实），该调查表有五主要的个性维度：活力、愉快度、情绪稳定性、开放性和责任心。

10.2.5 数据统计分析

本研究数据利用SPSS进行数据统计分析，通过方差分析对面对面学习和CSCL中的独立变量教师特征进行分析，通过回归分析评价教师特征对学生学习的影响情况，并判断学生的哪些心理学特征对面对面学习和CSCL的效能影响显著。

10.3 面对面学习和CSCL对师生学习效果影响结果分析

10.3.1 面对面学习和CSCL中专业知识学习和专业技能提高结果分析

本研究把专业知识学习分为真实知识和感觉知识的学习，真实知识又称显性知识，它主要是指承载知识的实物，如文档、邮件、报告等。它通常表现为某种或某几种媒体，如文字、符号、公式、声音、视频等。这些媒体既可以存储于纸张等传统介质上，也可以存储在光盘、磁盘等可以被计算机处理的介质中。感觉知识也称隐性知识，它一般是头脑中属于经验、诀窍、灵感的那部分知识，这些知识难以掌握，它是存储在人们的大脑里的个人经验①。根据问卷调查的数据进行方差分析，真实知识和感觉知识通过面对面学习和CSCL前后学习效果如表10－1所示。通过表10－1可以看出，学生通过面对面学习和CSCL都增加了自身的学科知识，提高

① 马玉芳，伍思静．知识地图在大学英语教师知识管理中的应用：现状与展望[J]．中国电化教育，2009，(6)：22－25.

了自身的专业技能。然而，CSCL 的学生在一定时间间隔之前的测试成绩比面对面学习的学生高，但在学习知识经过了一个时间阶段后两者之间没有明显区别。面对面学习和 CSCL 的课题讨论有效扩充了学生的学科知识，但当感觉知识和真实知识起始水平较低时，面对面学习的学生获得知识增量比 CSCL 高。能力的评估通过 37 份问卷调查进行测试（18 个面对面学习的学生的和 19 个 CSCL 的学生）。所有参与课题讨论的小组成员都有明确的专业方向，在 CSCL 和面对面学习中参与课题研讨，自己的专业技能得到提升。

10.3.2 教师特征对学生学习的影响

通过方差分析结果表 10－2 可以看出，教师特征变量对真实的已获得的知识没有明显影响（$F_{4.160}=0.28$；$p=0.89$），并且对感觉知识也没有明显影响（$F_{4.160}=0.32$；$p=0.86$），由此可以看出，不同特征的教师在 CSCL 在线学习和面对面学习的情境中对学生的学习并不产生明显的影响。为了进一步分析教师变量，我们选择下列教师特征进行回归分析：①SCL 在线协作学习中有较短或较长期的正式训练经验；②在教授 CSCL 在线协作学习中有数年经验的；③在教授面对面协作学习中有数年经验的。学生在 CSCL 在线学习和面对面学习的真实知识和感觉知识在进行多元回归分析时分开进行测试，通过方差分析结果显示，本研究中的老师特性不影响学生的学习效果。

10.3.3 CSCL 在线学习和面对面学习情境中表现较好学生的心理特征分析

在分析调查学生特征对学习效果的影响之前，我们应先通过分析判定学生在 CSCL 在线学习和面对面学习环境中的心理变量（个性特征、学习策略、社会效能、解决问题效能、学科效能）是否不同，结果显示 CSCL 在线和面对面学习中所有可测量的学生心理变量没有明显不同。

（1）面对面学习中的学生心理特征分析。

首先，把真实知识的得分作为独立变量进行多元回归分析，分析其学生心理特征主要包括五个因素如表 10－3 所示，其中情绪稳定性对学习效果影响最大的（$\beta=-0.22$；$p<0.05$），在面对面学习环境中情绪不稳定的学生学习成绩较低。然后，在此基础上进行第二次回归分析，分析学生其他心理变量对学生成绩的影响，比如社会效能、学科效能和问题解决效能等。最后，再次通过回归分析学习策略对学习效果的影响，通过分析结果可以看出，学生是否主动愿意和其他同学协作学习对学习效果的影响是至关重要的（$\beta=-0.21$；$p=0.053$），在面对面学习环境下学生如果很少主动和同伴进行协作学习其学习效果相对比较差。

对于感觉知识的得分也要作为独立变量进行多元回归分析，分析其学生心理特征也主要包括五个因素如表 10－3 所示，从分析结果中可以看出，有责任心（$\beta = 0.25$；$p < 0.05$）和愉快（$\beta = -0.21$；$p = 0.054$），这说明有着高度责任心和人际关系愉快的学生似乎在参与面对面学习时效果更好。在此基础上，进行第二次回归分析，学习和研究过程中的自制能力对学习效果的影响是至关重要的（$\beta = 0.25$；$p < 0.05$），这表明在面对面学习情境中有较高自主管理学习活动能力的学生其学习效果相对较好。最后，再次通过回归分析测量学习策略对学习效果的影响，通过分析结果可以看出学生在面对焦虑和困难时的控制情绪能力对学习效果影响是至关重要的（$\beta = -0.25$；$p < 0.05$），在面对面学习环境下学生如果面对学习焦虑和困难时的控制情绪能力较差其学习效果也相对较差。

（2）CSCL 中的学生心理特征分析。

CSCL 中的学生心理特征分析和面对面学习环境中学生心理特征分析一样需要进行多元回归分析，首先用真实知识的得分作为独立变量进行分析，分析其学生心理特征主要包括五个因素如表 10－4 所示通过数据分析可以看出，解决问题效能是唯一明显影响学习效果的因素（$\beta = 0.25$；$p < 0.05$）。在 CSCL 在线学习环境中，如果学生解决问题的能力较强其学习效果就相对较好。然后，在此基础上进行第二次回归分析，通过分析结果可以看出，在 CSCL 在线学习环境中学生在面对焦虑和困难时的控制情绪能力（$\beta = -0.32$；$p = 0.063$）和毅力（$\beta = 0.24$；$p = 0.069$）对学习效果影响是至关重要的，有着低度焦虑和较好毅力的学生在 CSCL 在线学习情境中学习效果相对较好。

在 CSCL 中对感觉知识也需要进行多元回归分析，分析其学生心理特征也主要包括五个因素如表 10－4 所示。通过分析可以看出，在 CSCL 中对社会政治经济问题的兴趣程度（$\beta = -0.21$；$p = 0.057$）和对外部环境的自我控制能力（$\beta = 0.21$；$p = 0.062$）对学习效果的影响是最为显著的，CSCL 在线学习情境中对社会政治经济问题有高的兴趣和对外部环境有较强的自我控制能力的学生其学习效果相对较好。然后，在此基础上进行第二次回归分析学习策略对学习效果的影响，通过分析可以看出，在 CSCL 中毅力（$\beta = 0.29$；$p < 0.01$）对学习效果的影响是至关重要的，在 CSCL 在线学习环境中遇到学习困难缺乏毅力的学生其学习效果相对较差。

通过以上分析结果可以看出，协作学习在传统的面对面学习和 CSCL 的非同步学习中对提高学科知识和专业技能是有效的，本项调查研究结果证明，在 CSCL 和面对面课题研讨环境中在提升学生专业技能方面具有同样的效果①。需要强调的是，本研究选择讲授的学科知识和专业技能在师生深入交流中进行建构和引导，培养小组核心成员，这离不开教师的有效指导。事实上，CSCL 在线教学中教师言传身教的作用不可忽视，教师在其中不仅可以传递和转化知识，而且可以传递专业技能，如姿势、声音、面部表情和身体运动等非语言行为。CSCL 的非同步学习可以有效弥补在面对面学习情境中出现的非语言行为缺失现象，非同步学习相对传统的班级课堂学习而言，它在讨论中允许并支持较多不同的观点。而传统的课堂讨论学习是同步口头语言交流，由于时间限制通常让只有少数的学生陈述他们的观点，学生往往只能正确地记住学习同伴提出的问题，至于问题的回答就很难记住，非同步的在线学习允许学生在发表自己观点之前阅读其他同学和老师的观点，也可以查阅资料深入验证和丰富自己的观点，以便得到在线同伴和老师的认可。

通过分析可以看到协作学习方式在 CSCL 和面对面学习中都会取得较好的学习效果，这与任课教师的经验多少没有明显的关系，但这需要进一步的实证研究来验证这个结论，本研究结果基于事实得出的，教师用高度的结构化的协作方法教学，在教学中利用在早先的教学研究中被设计和测试好的小组学习活动，因此学生可能在同一个星期内完成面对面的和 CSCL 在线的课题研讨任务。这些任务的完成需要小组学生之间高度协作才能完成，在面对面学习和 CSCL 在线学习情境中，学生在社会交际心理上具备了一定的理性认识和可以完成实际训练任务，小组成员在知识评价上都有各自的等级认定，但在是否胜任工作方面的个体评价需要小组成员评议才能得出。因为 CSCL 评价不仅在于协作技能与知识的评价，还更关注学生和协作共同体成长的过程②。教师在课题研讨过程中扮演知识专家和学习过程调解者的角色，结构化较低的教学情境对于不同教师的教学效果会形成比较明显的差异。

10.4 本章小结

本研究的不足在于我们调查分析的变量（CSCL 在线和面对面环境教学经验的长短）对学生的学习效果没有影响，而教师的其他特征（如性别、个人魅力等）可能对学生的学习效果有影响，这就有必要对此进行深入研究，但本研究强调高度结构化的协作方法和培养学生的互动能力，这是提升学习效果的关键因素。因此，在学习中必须重视培养学生的社会交往能力，如果学生在学习中不能参与社会互动，

---

① Francescato, D. , Mebane, M. E. , Porcelli, R. , Attanasio, C. , & Pulino, M. Developingprofessional skills and social capital through computer supported collaborative learning in university contexts[J]. International Journal of Human - Computer Studies, 2007,65(2), 140 - 152.

② 杨刚,徐晓东. 计算机支持的协作学习研究现状与发展趋势[J]. 远程教育杂志,2010,(3):93 - 101.

这肯定是学校、家庭与社会环境造成的①。

CSCL 在线学习的和面对面学习中表现较好的学生有不同的个性特征、学习策略和其他心理变量，但这没有考虑学习中的许多变化，这就需要进一步的调查研究来验证本研究结果。需要深入的调查研究来验证 CSCL 线学习环境是否更利于那些缺乏毅力、低焦虑水平、能控制自己情绪、解决问题高效的学生的学习 ，而本研究结果侧重强调 CSCL 在线学习中学生有低度焦虑水平和高度控制自己情绪时学会取得较好的学习效果，特别是在应用学习策略时缺乏毅力、不能安排学习时间和及时完成学习任务的学生更适合于 CSCL 在线学习环境下学习。非同步的高度结构化的协作学习课程可以为学生提供每周学习的反馈，让学生对自己的学习负责并促进学生之间相互帮助。学生通过在线学习平台可以随时获得所有在线信息和学习材料，这有利于记录全体学生的课堂学习过程，这些记录的材料有助于在小组协作学习中思考和评价学生，不太适合于自主学习。同时，在调查研究中还发现，在面对面协作学习环境下一些不善交际的学生的学习成绩较好，这些学生由于性格缺陷不愿意和别人进行协作学习，但他们学习都非常认真，能独立调节好自己的学习计划，因此其学习效果较好。这些学生仅仅乐意在课堂短时间的学习活动中与别的同学进行协作学习，而对于非同步的 CSCL 在线学习由于需要长时间和同学进行互动协作，这会让他们很不适应，其学习效果会受到负面影响，遇到这种情况时，可以让这些同学自由掌握每周的 CSCL 在线学习时间，但每周参与的在线课题研讨时间不低于三个小时，这可以不断培养他们的在线学习兴趣，提高他们的在线学习能力。

总体来说，本研究结论是经得起验证的，是在调查数据充分的基础上进行分析和总结，希望本研究结果能够抛砖引玉，引起远程教育学界和业界重视 CSCL 和面对面协作学习的相互结合，CSCL 的确能够提高学习效率，但单单靠 CSCL 的远程教育难以提供高质量的教育，CSCL 必须和面对面的课堂学习相结合才会取得理想的学习效果，这才是提高远程教育质量的有效途径。

---

① Kreijnsa, K. , Kirschner, P. A. , & Jochems, W. Identifying the pitfalls for social interaction in computer supported collaborative learning environments: A review of the research[J]. Computer in Human Behavior, 2003, 19, 335 - 353.

表 10－1　真实知识和感觉知识在面对面学习和 CSCL 中学习效果的方差分析结果

	时间	成绩	面对面	在线	df	时间			处理方法		时间×处理方法		
						F	*P*	*Eta square*	*F*	*P*	*F*	*P*	*Eta square*
真实的知识	之前	Mean	6.46	7.06	1.160	295.68	<0.001	0.649	0.32	0.57	6.06	<0.05	0.036
		s.e	0.228	0.236									
	之后	Mean	10.18	9.84									
		s.e	0.178	0.184									
感觉的知识	之前	Mean	1.90	2.24	1.160	1344.54	<0.001	0.894	2.74	0.10	6.12	<0.05	0.037
		s.e	0.096	0.099									
	之后	Mean	4.89	4.86									
		s.e	0.072	0.075									

表 10－2　不同特征的教师在面对面学习和 CSCL 中对真实知识和感觉知识影响的方差分析结果

	时间	成绩	1号老师		2号老师		3号老师		4号老师		5号老师			时间×处理方法×老师	
			FtF	OL	FtF	OL	FtF	OL	FtF	OL	FtF	OL		*F*	*P*
真实的知识	之前	Mean	6.66	7.40	6.00	6.87	6.18	6.12	6.42	7.33	7.05	7.55	4.160	0.28	0.89
	s.e	0.505	0.553	0.519	0.553	0.519	0.535	0.491	0.505	0.519	0.505				
	之后	Mean	10.22	9.80	9.18	9.40	10.35	9.69	10.05	10.33	11.12	10.00			
	s.e	0.384	0.421	0.396	0.421	0.396	0.408	0.374	0.384	0.396	0.384				
感觉的知识	之前	Mean	1.99	2.13	1.71	2.45	1.77	2.00	1.98	2.29	2.02	2.35	4.160	0.32	0.86
	s.e	0.214	0.235	0.220	0.235	0.220	0.227	0.208	0.214	0.220	0.214				
	之后	Mean	4.88	4.90	4.54	4.73	5.03	4.86	5.05	5.10	4.97	4.71			
	s.e	0.158	0.174	0.163	0.174	0.163	0.168	0.154	0.158	0.163	0.158				

注：表中 FtF＝面对面学习；OL＝CSCL 在线学习。

表 10－3　面对面学习的学生心理特征多元回归分析结果

真实的知识							感觉的知识									
五个大的问题调查表			QSA（认知尺度）				五个大的问题调查表			QSA（认知尺度）			QSA（情感和动机尺度）			
	Beta	p－level		Beta	p－level			Beta	p－level		Beta	p－level		Beta	p－level	
稳定的情绪	－0.22	0.03	QSA－C4	－0.21	0.053	感觉愉快	0.25	0.02	QSA－C2	0.25	0.02	QSA－A1	－0.25	0.01	－0.21	0.054

表 10－4　CSCL 中的学生心理特征多元回归分析结果

真实的知识						感觉的知识					
赋予权威的、自动效果和控制刻度的场所			QSA（情感和动机尺度）			赋予权能、自动效果和控制刻度的场所			QSA（情感和动机尺度）		
	Beta	p－level		Beta	p－level		Beta	p－level		Beta	p－level
PSEPS	0.25	0.02	QSA－A1	－0.32	0.063	SSPI	－0.21	0.057	QSA－A5	0.29	0.006
			QSA－A5	0.24	0.069	Locus Esterno	0.21	0.062			

11 CSCL 中学习动机对知识获取和学习活动的影响

恰当地运用协作学习可有效提升学习效率，学习者可以通过小组成员之间的协作获得解决问题的最佳策略并顺利完成学习任务，这种优点可以在 CSCL（Computer Supported Collaborative Learning，即计算机支持的协作学习）中利用计算机媒介进一步得到体现。计算机媒介更有利于学习者协作建构知识，学习者通过聊天工具持续地进行交流讨论或者匿名通信。CSCL 有很多问题需要我们进一步去探究，当前 CSCL 研究中如何利用 CSCL 有效支持学习者的学习，比如支持学习者有效的交互活动①。因为 CSCL 研究在长期以来一直只关注学习者的认知方面，而学习者的学习动机方面很少被关注，学习动机在 CSCL 环境中扮演非常重要的角色，因此，探究学习者的学习动机如何影响 CSCL 具有现实意义。

学界关于学习动机的研究由于研究视角和背景的不同存在很多观点。学习动机在个人学习中扮演着非常重要的角色，CSCL 作为一个复杂的学习过程，只评价单一的动机结构是远远不够的②。选择性观察动机无法准确反映学习过程，我们需要全面、综合的观察学习过程，这样才可能清晰认识学习过程中不同动机结构之间的关系。更为重要的是，目前关于学习动机影响 CSCL 的研究较少而且意见不一，在这种情况下就很有必要对此展开深入探究。

11.1 研究问题的提出

11.1.1 CSCL 中的学习动机相关研究

在 CSCL 中很少有学者把动机作为一个独立变量进行研究。Nokelainen 等采用综合的视角研究学习动机，其他相关的研究主要关注于单一的动机结构，比如自我效能感、目标取向或者利用最有效的模式观察学习动机。Noke lainen 等研究了 CSCL 中学习小组成员用两周的时间异步协作去完成任务，该研究发现在 CSCL 活动中的

① De Wever, B. , Van Keer, H. , Schellens, T. ,Valcke, M. . Structuring asynchronous discussion groups: comparing scripting by assigning roles with regulation by crossage peer tutors[J]. Learning and Instruction, 2010, 20 (5): 349 -360.

② Moos, D. ,Marroquin, E. . Multimedia, hypermedia, and hypertext: motivation considered and reconsidered[J]. Computers in Human Behavior, 2010,26(3):265 -276.

学习动机与课程最终考试成绩有积极的影响①，但是该研究中的学习动机结构只关注其中的一个方面。

也有其他学者对学习动机的积极作用进行了研究，Sins 等发现在 CSCL 中基于绩效的目标取向对学习效果有积极影响②。Wang 和 Lin 在 CSCL 学习小组自我效能感的评价中发现，同质小组成员学习具有较高的自我效能感，他们也具有较高的认知技能，这些特点会显著影响着他们的学习效果③。Bartholome 等的研究则指出，只有在异质小组学习中分布式的自我效能感能够导致更多的帮助行为和更好的学习效果，但研究结果发现自我效能感对目标取向和学习兴趣没有影响④。但从该研究中可以看出，目标取向与学习效果至少有部分的正面效果。Howley 等研究发现，目标取向对学习效果没有影响，对于解决实质性问题影响也不显著⑤。Wolf 和 Prasser 的研究也没有表明学习兴趣、自我效能感和成就动机在大学在线学习活动和学习效果中有显著的影响⑥。协作学习使具有较高自我效能感的学习者获得更多的学习技能，协作学习中效果较好的学习小组为完成学习目标而不断努力，而效果较差的学习小组则片面追求学习效果和学习活动本身，学习目标取向和学习效果取向与高层次的学习技能和效果呈负相关⑦。在线课堂学习活动与协作学习环境有本质区别，如临时拟定的趣味性学习主题和吸引人的细节性内容等⑧。远程学习的相关研究也指出了学习动机在环境中的重要性，目前在线远程教育的高退学率可能是学习者缺乏明确的学习动机造成的。

---

① Nokelainen, P., Miettinen, M., Kurhila, J., Flore'en, P., Tirri, H.. A shared document – based annotation tool to support learner – centred collaborative learning[J]. British Journal of Educational Technology, 2005,36(5):757 –770.

② Sins, P., Van Joolingen, W., Savelsbergh, E., & Van Hout – Wolters, B. Motivation and performance within a collaborative computer – based modeling task: relations between students' achievement goal orientation, self – efficacy, cognitive processing, and achievement[J]. Contemporary Educational Psychology, 2008,33 (1):58 –77.

③ Wang, S. – L., & Lin, S.. The effects of group composition of self – efficacy and collective efficacy on computer – supported collaborative learning[J]. Computers in Human Behavior, 2007, 23:2256 –2268.

④ Bartholome', T., Stahl, E., Pieschl, S., & Bromme, R.. What matters in help – seeking? A study of help effectiveness and learner – related factors[J]. Computers in Human Behavior, 2006,22:113 –129.

⑤ Howley, I., Chaudhuri, S., Kumar, R., & Rose', C.. Motivation andcollaborative behavior: an exploratory analysis, CSCL2009[C]. Greece: computer supported collaborative learning, Rhodes, 2009,6:59 –61.

⑥ Wolf, K., & Prasser, C.. Motivation und Problemlo¨sefa¨higkeit in Online – Seminaren. Vorbedingung oder Resultat von Kommunikation und Kollaboration?. Motivation and problem solving competence in online seminars. Precondition or result of communication and collaboration? [J]. Zeitschrift fu¨r e – Learning, 2006,1(1):21 –31.

⑦ Hijzen, D., Boekaerts, M., & Vedder, P.. Exploring the links between students' engagement in cooperative learning, their goal preferences and appraisals of instructional conditions in the classroom[J]. Learning and Instruction, 2007,17(6):673 –687.

⑧ Moos, D., Marroquin, E.. Multimedia, hypermedia, and hypertext: motivation considered and reconsidered[J]. Computers in Human Behavior, 2010,26(3):265 –276.

以上研究明确指出了动机在 CSCL 中的影响，存在的共性是把学习动机作为单一的影响因素进行研究，没有系统的研究学习动机，因为系统的研究学习动机可以深入分析学习的复杂性。目前，相关的研究主要把学习动机作为一个因变量进行研究，本研究把学习动机作为一个自变量进行探究。CSCL 环境下，协作学习活动与个人学习活动的种类与质量有本质区别。CSCL 中学习活动是目的性层次，是以活动目标为导向的，动机是驱动学习活动的动力，学习行为是活动的基本组成部分，是以活动目标为导向的①。因此，在 CSCL 中必须对学习动机进行系统性的探究。

11.1.2 研究方案设计

虽然有很多研究涉及学习动机与个人学习之间的关系，但目前还没有针对 CSCL 的研究方案。CSCL 较少关注阅读和计算等基本技能的学习和操作，而更关注高级思维和能力的培养，尤其强调非证实知识的分享②。认知动机过程模型可以确定相关群组变量，可以用于探究学习动机在 CSCL 中的影响。在研究中假设当前的学习动机影响学习过程变量，学习过程变量一般是作为中介物并且会反过来影响学习者的知识获取，学习过程变量主要包括基于学习任务的学习时间、学习动机、功能状态以及学习活动的类型与质量等。该方案基于个人学习和协作学习设计的，同时在 CSCL 研究中也需要关注当前学习动机、协作学习活动的类型和质量以及因变量数据。

当前学习动机主要与学习兴趣、学习挑战、学习成功概率和由经验性学习焦虑紧密相关，要全面理解与分析当前学习动机的影响与价值。具体来说，应把握好以下几个方面：①自我效能感；②手段与方法；③成就价值；④学习兴趣；⑤学习活动；⑥学习成本。另外，在协作学习环境下应进一步区分与学习动机密切相关的学习任务，学习者在学习过程中能够积极关注学习主题和与学习同伴之间的协作关系。

个人学习活动的种类与质量是一个过程变量，也是当前学习动机与知识获取之间的媒介。因此，在协作学习研究中，学习活动对学习效果会产生重要影响，可以把它作为 CSCL 中的过程变量，这主要体现在以下几个方面：①与学习任务相关的知识外化；②启发与学习任务相关的知识；③协调学习分歧；④达成学习共识。在协作学习中，学习同伴会彼此相互影响，由此会产生因变量数据。如果同一学习小组的测量数据与不同学习小组的测量数据相似度很高，就会产生因变量数据。学习者的学习活动不仅会影响自身的知识获取，也会影响到学习同伴的知识获取，这同

---

① 况姗芸．动机视角下的 CSCL 学习活动设计研究[J]．电化教育研究，2012，(3)：80－86.

② 程絮森，李钊，李静．高校研究生创新教学中的建导式协作设计研究—基于 CSCL 环境[J]．电化教育研究，2013，(6)：92－97.

样适用于学习活动发生之前的当前学习动机。

11.1.3 研究问题

根据以上的分析可以提出如下研究问题：

（1）在 CSCL 中，当前学习动机的哪些因素会影响学习者的知识获取？如果所提出的过程变量是有效的媒介，那么当前学习动机和知识获取在个人学习阶段和协作学习阶段都应该有关联，并且在协作学习中学习者之间的当前学习动机和知识获取应该有相互影响。

（2）在 CSCL 中，当前学习动机的哪些因素会影响学习活动？在个人学习阶段和协作学习阶段中当前学习动机与学习活动有密切关系，同时，在协作学习中学习同伴之间的当前学习动机和学习活动会相互影响。

（3）在个人学习和协作学习阶段中学习活动是否会影响当前学习动机和知识获取？

11.2 研究方法

11.2.1 研究样本

探究参与本次在线问卷调查的是大学在校本科生和研究生，这些学生分别来自计算机科学与技术、数字媒体技术、电子信息工程和电气自动化专业，共 212 名学生，女生占 42%，男生占 58%，他们年龄在 18～31 岁，平均年龄 19 岁。他们中的 28% 是一年级学生，18.5% 是二年级学生，14% 是三年级学生，39.5% 是四年级的学生和研究生。

11.2.2 研究实施方案

本研究以《操作系统》课程为例，探究 CSCL 中学习动机对学习活动和知识获取的影响。在课题研讨的开始，CSCL 的学生要接受 BlackBoard 在线学习平台技术与工具功能使用的培训与指导，以便完成小组课题调研与总结。参与本次调查的学生是两人一组开发一份有意义的学习成果。这份学习成果应该包含学习提纲和具体内容。学习小组的两名成员各自会得到一篇介绍计算机软件开发方面的文章作为引导性的学习资源，并且每个成员的获取的文章是不一样的，这两篇文章的长度与难度都是相当的。该研究活动是在两个电脑机房内实施的，第一个机房的学习者阅读文章 1，第二个机房的学习者阅读文章 2。研究活动开始时，在不清楚文章内容的情况下，学习者与他们的学伴可以随意选择他们想要的机房，不同机房的学习者被随机分配给彼此成为两人学习小组。这样做可以确保小组的两个成员都可以得到一份不同的文章，这种学习小组很可能是由两个彼此互不认识的人组成的。由于组织学习的需要，学习时间必须保持恒定，每一个学习者都坐在自己的电脑面前，所有的提示和问卷都被呈现在电脑屏幕上。

在进入协作学习阶段之前，学习者在个人准备阶段阅读他们的文章并准备他们的学习成果，如表 11 –1 所示。该阶段是以学习对象和知识的预测开始的，在阅读完文章的摘要和设置学习目标之后，当前动机就会被评估，然后学习者会有 1 个小时的个人准备时间。为了有效研究学习者创建学习成果的过程，学习者必须协作使用课程管理系统中的编辑器来完成创建学习成果。30 分钟后系统会弹出一个窗口用来测试学习动机与功能状态。在个人准备阶段之后，在之后，学习者必须汇报他们的个人学习活动、获取的知识以及学习动机。

表 11 –1 研究过程

个人学习准备阶段	协作学习阶段
1. 预测试（约 25 分钟） • 学习对象分析 • 先前知识 • 学习内容的提取和学习目标的设定 • 当前动机	4. 协作学习阶段的教学和中间测试 2（约 10 分钟） • 协作学习阶段的教学 • 协作的当前学习动机 • 目标取向
2. 个人准备（约 60 分钟） 任务：阅读文本并创建学习成果草稿 • 弹出菜单（30 分钟后）：学习动机和功能状态 • 成果草稿的质量	5. 协作学习（约 90 分钟） 任务：共同开发一份学习成果 • 弹出菜单（约 45 分钟之后）：学习动机和功能状态，学伴学习动机和能力评估 • 观察学习活动（日志文件）成果的质量
3. 中间测试 1（约 20 分钟） • 学习活动的个人报告 • 知识 • 学习文章 1 后的动机 休息（约 15 分钟）	6. 公共测试（约 20 分钟） • 知识 学习文章 2 后的动机

简短休息之后，协作学习阶段主要测试当前协作学习动机和目标取向。然后，学习者在 90 分钟的时间内通过课程管理系统来共同开发一份学习成果，他们可以彼此交流，并对开发的成果做在线编辑。45 分钟后，系统会弹出窗口来测试学习者的动机和功能状态，学习者的会话状态和编辑结果会被记录和加密。协作学习之后，会有一个关于学习者的知识获取与学习动机测试。

11. 2. 3 学习资源与工具

（1）知识获取。

知识获取测试由 13 个不定项选择题组成。该测试会安排学习者分三次进行（个人学习阶段之前、之后和协作学习阶段之后），所有的测试通过电脑呈现的方式进行预测试、中间测试与效果测试。系统提供的样本项目是可操作的，通过对个人学习阶段的中间测试和预测试进行对比分析来有效评估协作学习阶段的效果。

知识共享是指所有的小组成员都可以分享的知识，小组共享知识的数量可以被电脑计算出来。在每个项目知识测试中，被小组所有成员利用并解决问题的知识可被称为共享知识，这些共享知识的总和可作为小组学习的平均知识水平，从而检验小组学习是否达到标准水平。研究结果表明，共享知识的数量与小组成员平均知识密切相关。

在此，可以通过比较名义上的小组共享知识的数量来区分协作学习小组产生的共享知识。名义上的小组是指由相同人数的学习者组成的小组，与协作小组一样执行相同的任务，只是小组成员在学习时没有彼此的互动，小组成员没有小组团队意识，名义上的学习小组的表现结果与协作学习小组可以进行对比分析。在本研究中，名义上的小组的建立是随意将各个协作小组的成员抽取组合在一起。

（2）学习动机。

学习动机在各个学习阶段前、中和后都会被测试。为了达到研究目标，学习的当前动机值得关注。根据研究实施方案，当前动机在各个学习阶段中都通过自我建模来评估，自我建模中的自我效能感、手段与方法、成就价值、学习兴趣、学习活动以及成本等都需要考虑。可通过因子分析和方差最大正交旋转法来评估当前学习动机。表 11 -2 列出了个人学习阶段的当前动机因素和样本项目，表 11 -3 是协作学习阶段的当前动机因素和样本项目。

表 11 -2　个人学习阶段当前动机因素和样本项目

当前动机级别	项目	α 值	项目样本
学习任务的自我效能感	12	0.95	读完文章 1 后能向别人介绍如何使用意义测试
计算机方面的自我效能感	5	0.92	能够用一种新的计算机程序，即使它很复杂
学习手段与方法	4	0.85	为了能够实施实证研究必须了解意义测试
成就价值	4	0.81	专注于开发一份优秀的学习成果
学习兴趣	8	0.92	发现“意义测试”的主题很有趣
内在价值	4	0.91	我非常喜欢设计与开发学习成果和提纲
价值利用	3	0.78	能够实施实证研究对自身非常重要
学习焦虑	11	0.95	当想到学习目标时自己有点担心

在协作阶段之前需要测量当前学习动机，学习者的当前学习动机可通过以学习目标为导向的在线问卷调查获取结果。学习目标的定位主要体现在绩效、规避绩效、掌握和规避实施四个方面。通过表 11 -3 可以看出，学习前当前学习动机和学习目标定位的各个样本项目的 α 值都比较高（ >0.8），说明该问卷调查获取学习者较高的认知度，问卷调查设置的项目是比较合理的。

表11－3 协作学习阶段当前动机因素和样本项目

当前动机级别	项目	α值	项目样本
学习前的当前动机			
协作学习自我效能感	12	0.94	能做有助于理解意义测试的事情
协作成就价值	5	0.91	做一份优秀的学习成果对自己非常重要
学习兴趣	4	0.89	"意义测试"主题非常吸引人
协作学习成本	10	0.91	协作学习比个人学习更有益于学习
协作中的学习焦虑	12	0.96	担心自身不能达到学习目标
学习目标定位			
绩效	7	0.82	展示自己擅长这项任务
规避绩效	8	0.93	其他学习者不认可自己
掌握	8	0.86	获得新的知识
规避实施	8	0.91	不需要这样做

(3) 个人学习阶段的学习活动。

在个人学习阶段之后，学习者要汇报各自的学习活动并进行基于学习策略的探究。学习活动的调查结果通过因子分析获取，因子分析时采用主成分分析抽取公因素，主成分主要集中个人学习中的协作、重复、元认知和注意力四个方面，求得初始负荷矩阵，由于因子的初始解可以得到学习活动各个样本项目的绝大多数的信息（>70%）可被因子解释，集中提取4个因子，可以认为因子提取的总体效果比较理想，最后用方差最大正交旋转法得出旋转因素负荷矩阵，说明四个因素的相互关系。因子分析结果如表11－4所示。

表11－4 个人学习活动内部一致性分析和样本项目

学习活动	项目序列数	α值	样本项目
协作	4	0.78	尝试将新概念、理论与已经了解的概念和理论联系起来
重复	4	0.73	用心学习重要概念以便能更好地记忆重要的内容
元认知	3	0.76	在加工学习材料之前思考如何使它变得最有效
注意力	6	0.92	发现自己很专注

(4) 协作学习阶段的学习活动。

在CSCL中要想使知识建构发生，教师需要为建构性对话创设条件以支持学生的学习和共同的知识建构①。教师和学生所进行的基于文本的对话能够清晰地表述出教师和学生对观点的共享和协商建构②。由此，知识建构活动能够顺利地进行。

① 柴少明. CSCL中促进协作知识建构的策略[J]. 现代远程教育研究,2012,(4):35－40.
② 刘家亮,郑金秋. CSCL中课堂教学和网络学习关系模型探究[J]. 现代教育技术,2012,(8):94－97.

因此，在协作学习阶段中，聊天状态与编辑变化需要被课程管理系统自动记录下来。在此，要关注学习者交流的具体内容，评估学习者的协作学习成果可以通过小组相互评估的办法解决，从而较为客观地评价学习者。此过程可能导致两个不同的评估者一致的评分。在本研究中小组协作学习的评估结果有效值分别是 83.7% 和 81.1% 。如果出现差别较大的评估结果，评估者之间会协商解决。

协作学习关键在于促进学习者的认知变化，因此要观察学习者是否专注于与学习任务有关的（认知）项目、学习辅助和其他认知活动。另外，每个学习认知维度都与协作学习活动密切相关，如表 11 -5 所示。通过该表可以看出，*M* 和 *SD.* 分值接近于平均水平，这说明协作学习中小组相互评估的一致程度较高。

表 11 -5 协作阶段学习活动的频数分析

认知维度	*M*	*SD*	学习同伴认知建构	*M*	*SD*
对事件的理解	9.05	7.76	客观性	45.52	21.96
学习任务说明	1.10	1.41	解释性	1.56	2.97
执行学习任务	61.28	25.73	启发性	7.66	4.67
相关技术	5.60	5.42	矛盾性	6.62	8.18
协调	26.85	11.04	快速建立共识	9.45	5.68
非认知活动	21.99	15.98	整合性	0.62	3.47

11.3 研究结果分析

当对多项关系进行比较分析时，本研究是通过相关性与回归法来分析。由于在线测试时系统的不稳定因素，在学习者学习中间测试和弹出测试中，单个的问卷调查会存在数据缺失的情况，但数据缺失的比例较小，不会对整体测试的信度和效度产生明显影响。

11.3.1 描述性统计和知识获取

表 11 -6 展示了在个人学习阶段中的预测试、中间测试以及协作学习阶段效果测试中知识测试的均值。通过频数分析可以看出，其 *M* 和 *SD* 值较高，这说明学习者在学习过程中知识增加是比较明显的。在协作学习阶段中，知识共享（%）和 *SD* 值也较高，这表明协作结束阶段学习同伴之间具体的交互与共享知识数量增加也是较为明显的。

表 11-6 知识测试与知识共享的描述性数据分析

测试	*M*	*SD*	*Max*	共享/%	*SD* 共享
预测试	2.58	1.70	13	0.23	0.27
事实	1.35	1.03	6	0.26	0.34
转换	1.22	1.24	7	0.09	0.23
中间测试	3.92	2.22	13	0.27	0.23
事实	1.86	1.13	6	0.26	0.31
转换	2.06	1.67	7	0.22	0.28
后测	4.44	2.59	13	33	25
事实	2.31	1.34	6	0.39	0.32
转换	2.17	1.74	7	0.21	0.30

11.3.2 当前学习动机和知识获取之间的关系

在个人学习阶段和协作学习阶段，需要明晰当前动机和知识获取之间的关系以及两个学习阶段之间的相互影响。表 11-7 展示了在个人学习阶段之前的学习动机规模和知识获取的相关分析结果。其中关于学习任务和计算机的自我效能存在显著的相关性，其 *Sig.* 值分别为 0.23 和 0.1，均 >0.05，即表明在个人学习阶段自我效能感与知识获取之间关系较为明显。

表 11-7 在个人阶段中当前动机和知识获取之间的关系

当前学习动机级别	知识获取
关于学习任务的自我效能	0.23*
关于计算机的自我效能	0.10
学习手段与方法	0.05
成就价值	0.03
学习兴趣	-0.01
内在价值	-0.04
价值利用	-0.08
学习焦虑	-0.13

表 11-8 展示了在协作学习阶段当前学习动机和知识获取之间的相关分析结果，在当前学习动机中，只有协作学习自我效能感与知识获取的关系值 *Sig.* =0.08 > 0.05（$p<0.05$），这说明协作学习自我效能感和知识获取之间有显著的相关性。在学习目标定位中，规避绩效与知识获取之间有显著的相关性（*Sig.* =0.06 >0.05，$p<0.05$），这说明学习者在协作学习中学习者尽量避免评价对自己学习的影响。在关系分析中把知识获取作为因变量，在分析中发现个人与小组协作学习成果质量比知识获取扮演着更重要的角色，学习者的当前学习动机不仅影响知识获取，也影响

着个人与小组协作学习成果的质量。因此，协作学习阶段知识获取可以作为学习成果质量一个因变量，但在当前学习动机级别中没有动机可以作为学习成果质量的有效分析变量。

表 11－8　协作学习阶段当前学习动机和知识获取关系分析

当前动机级别	知识获取
协作学习自我效能感	0.08
协作成就价值	0.00
学习兴趣	－0.01
协作学习成本	－0.13
协作中的学习焦虑	－0.06
学习目标定位	
绩效	－0.08
规避绩效	0.06
掌握	－0.14
规避实施	－0.17*

11.3.3　当前学习动机和学习活动之间的关系

在个人学习阶段和协作学习阶段，需要进一步探究学习者的当前学习动机和学习活动之间的相互影响，只有这样才能清晰认识 CSCL 中学习者的学习效果。在个人学习阶段，学习者个体关注问题并阐述他们的学习活动，这又称之为自我报告式的学习活动，通过观察和记录可以全面掌握情况。在协作学习阶段，通过记录和观察学习小组成员的聊天状态和编辑变化，可以全面分析该阶段学习者的学习活动。

表 11－9 展示了在个人学习阶段学习者的当前学习动机和自我报告式的学习活动之间的回归分析结果。通过分析结果可以看出，关于学习任务的自我效能与关注问题之间没有显著关系，其 *Sig.* ＝－0.27＜0.01（$**p<0.01$）；手段与方法与阐述学习活动存在显著关系，其 *Sig.* ＝0.26＞0.01（$**p<0.01$）；学习焦虑与关注问题之间也存在显著关系，其 *Sig.* ＝0.25＞0.01（$**p<0.01$）；成就价值、学习兴趣和价值利用和阐述学习活动之间也存在显著关系，其 *Sig.* 分别为 0.1、0.09 和 0.15，均＞0.05（$p<0.05$）。

通过表 11－9 也可以看出，在协作学习阶段学习者的当前学习动机和学习活动之间的回归分析结果。通过分析结果可以看出，关于学习任务的自我效能、成就价值、学习兴趣和内在价值与聊天状态存在显著关系，其 *Sig.* 分别为 0.13、0.19、0.06 和 0.07，均＞0.05（$p<0.05$）；关于计算机的自我效能、成就价值、内在价值与价值利用与编辑变化存在显著关系，其 *Sig.* 分别为 0.07、0.12、0.18 和 0.09，

均 >0.05（$p<0.05$）。

表 11－9　个人和协作学习阶段当前学习动机和学习活动关系分析

当前学习动机级别	关注问题	阐述活动	聊天状态	编辑变化
关于学习任务的自我效能	-0.25**	0.07	0.13	0.03
关于计算机的自我效能	-0.05	0.09	-0.05	0.07
学习手段与方法	-0.09	0.26**	-0.07	-0.05
成就价值	-0.16	0.10	0.19	0.12
学习兴趣	-0.18	0.09	0.06	-0.07
内在价值	-.08	0.03	0.07	0.18
价值利用	-0.15	0.15	-0.08	0.09
学习焦虑	0.27*	-0.03	0.02	-0.07

11.4　本章小结

综合以上的各项分析可以看出，在个人学习阶段和协作学习阶段，学习者的当前学习动机与知识获取是相互影响的，其中的自我效能与知识获取存在显著的相关性。在学习目标定位中，规避绩效与知识获取之间有显著的相关性，学习者在协作学习中学习者尽量避免评价对自己学习的影响，只有目标定向与学习活动和知识获取有关联，学习者在规避绩效目标取向中比较积极，他们在学习任务中做的贡献会少一点。这就是学习中的搭便车效应，协作学习中的学习参与者会比个人学习中付出的努力与贡献会小一些①。因为他们在小组协作氛围中更有公平与民主的意识，重视每个小组成员的贡献率大小，只负责完成小组协作中自己的角色与任务。个人与小组协作学习成果质量比知识获取扮演着更重要的角色，学习者的当前学习动机不仅影响知识获取，也影响着个人与小组协作学习成果的质量。另外，在长期 CSCL 中的协作学习氛围下，学习小组的凝聚力会增强，学习参与者的团队协作能力与合作意识会更强。

在个人学习和协作学习阶段，学习者的学习动机与学习活动之间存在部分的显著关系。在个人学习阶段，只有学习手段与方法、学习焦虑、成就价值、学习兴趣和价值利用与学习活动之间存在较为显著的关系；在协作学习阶段，自我效能、学习兴趣、成就价值、内在价值与价值利用与学习活动存在一定的相互关系，这说明不同的学习动机结构类型对学习活动会产生不同程度的影响，进而影响 CSCL 中学习者的最终学习效果。个体的学习动机和参与动机会驱使个体间进行认知性交互、

① Larson, J. R. In search of synergy in small group performance[M]. NewYork: Psychology Press, 2010: 90-96.

社会性交互和教学性交互，实现协作知识建构①。

本研究的不足之处是在本研究的调查分析中，CSCL 学习中的学习动机变量有待于进一步完善；在 CSCL 中学习参与者的选择存在一定的随意性，并且学习参与者的协作学习也只有一次调查研究样本，协作学习方式比较单一，尽管小组协作学习时间长达四个小时以上，但是针对不同的学科、不同知识水平和不同区域的学生，研究数据可能会存在偏差，协作学习中学习同伴之间的学习动机和能力评估是否会影响学习效果，这都是 CSCL 中值得深入探究的问题。

① 况姗芸. 异步 CSCL 情境中协作知识建构的动力机制研究[J]. 中国电化教育,2012,(7):11 - 18.

第4部分

在线学习环境下教师专业能力发展

12 在线学习环境下教师角色定位和能力构建

目前，关于高校教师职能问题的探讨很多，但还没有一个一致的说法。尽管在高校课程改革中，对高校教师行为有明确的表述，但在 ICT（Information and Communications Technology 即信息和通信技术）支持下如何构建高校教师的能力却没有直接可行的阐述。在信息化背景下，教师的职责发生了根本性的转变，从传递知识转变为激励思考，从课堂主导转变为学习顾问，从问题讲解转变为鼓励创造①。因此，学习环境的变化对教师职责提出了新的要求，很多教师认为他们的工作也会随之变得复杂。总地来说，在线学习环境下对教师教学能力的要求有了全新的变化，因此目前很多教师培训侧重于细节情况信息处理能力的开发，如认知工具或教育资源的使用等，这不适应高校教师内在需要的变化。在线学习环境下教学的特殊性要求我们对此应有清醒的认识并努力逐步达成共识，本研究旨在明确在线学习环境下高校教师角色及职能的分配。

12.1 研究思路

“能力”一词因语境的不同使语义亦有所区别。我们试图通过分析相关文献，找出最具普遍意义的概念，以帮助我们找出高校教师最关心和最需要的能力要素。同时，也有必要阐述清楚高校教师专业能力、个人技能等与行动有关的概念，辩证地讲，当教师能够根据教学内容的要求作出适当的反应时，行为能力可被认为是教学策略的保证。从技能的角度考虑，能力是指角色表现力及根据目标提出合适的学习任务②。鉴于在线学习环境的复杂性，根据该定义可以理解为，教师只需要知道做什么而无需弄清怎样做，比如当某一专业领域的教师面临非本专业的内容及情境时，该教师无法做出及时、有效的回应。关于“能力”的第二个观点集中反映在教师的交流沟通能力上。与上述能力表述不同，本定义热衷于能力的社会属性，要求教师在其专业领域中表现自如③。

将研究视角放在与能力有关的培训上时，能力就是教师的专业认知结构，这对教师的专业教学将很有帮助并且可以通过培训不断加以完善。教师不仅仅是专业研

① 徐红卫．高校网络教育中教师角色的定位与发展研究[J]．中国成人教育，2010，02：127－128.

② Eraut, M. 1998. Concept of competence. Journal of Interprofessional Care 12, no. 2: 127－39.

③ Westera, W. 2001. Competences in education: A confusion of tongues. Journal of CurriculumStudies 33, no. 1: 75－88.

究者，因为在教学过程中教师不可避免地要面临一些复杂的情境，这就对教师的能力提出了更全面、更具体化的要求，由此可以看出，第二个观点更关注有效的学习行为，如“做中学”“基于项目的学习”“基于问题的学习”等，这种观点更有助于我们理解在线学习环境下教学的本质以及教师培训活动的设计。教师培训的目的是发展教师的能力，因此培训必须以发展教师的具体能力为核心，因为这关系到教师在教学实践中如何去完成各种角色和任务。如何理解基于发展教师具体能力的培训？这就需要我们深入了解与教师能力密切相关的教师角色，这不仅有助于我们理解在线虚拟环境下的教学，而且有助于我们设计教师专业发展活动。总体而言，在线学习环境下高校教师的角色是从传统教师职能中派生出来的，同时也必须认识到在线学习环境下，教师所扮演的角色决定了在某些特定的任务领域中必须具备特定的能力。本研究的研究思路如图 12－1 所示。

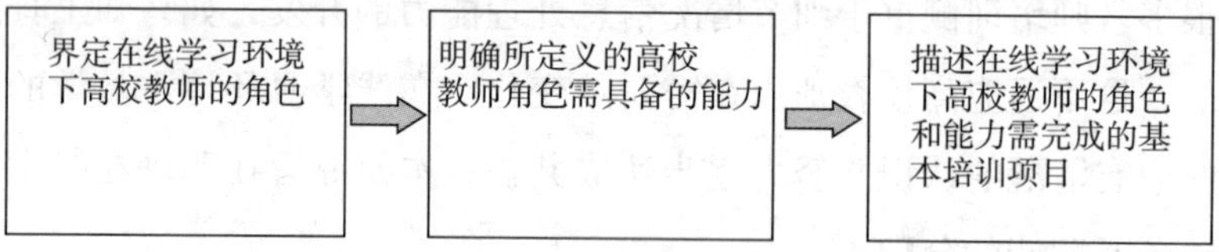

图 12－1　界定在线学习环境下高校教师能力和角色的研究思路

基于该研究思路，我们认为在线学习环境下的教学变化意味着教学组织特别是教师职能上的变化，教师不再是单纯的知识传授者，更是学习过程的促进者和指导者[①]。从这一方面来讲，在线学习环境的特殊性要求一定的信息技术支撑才能更好地发挥教师职能，这与教师在该环境下制定的学习任务有关，同时也对其能力提出了新的要求。培训教师和研究者一致认为，在培训过程中必须在对教师职能或潜在职能清晰认识的基础上，努力给信息技术支持下的高校教师能力一个准确的定位[②]。鉴于近几年来关于这一主题研究数目来源的广泛性和多样性，本研究主要集中以下两个目标：①在线学习环境下高校教师的角色定位；②通过文献和对教师专业发展相关活动总结在线学习环境下教师能力的构建。

12.2　在线学习环境下高校教师能力和角色定位分析

可操作性定义有助于我们为专业发展的设计制定出一个概念框架，我们将注意力集中在对在线学习环境下教师角色和能力的定位上，并通过文献综述的方法对其

① Guri－Rosenblit, S. 2005. Distance education and ‘e－learning’: Not the same thing. Higher Education 49, no. 4: 467－93.

② Beetham, H., and Sharpe, R., eds. 2007. Rethinking pedagogy for a digital age: Designing and delivering e－learning. New York: Routledge.

理论本质做了初步研究。

12.2.1 国外在线学习环境下高校教师培训项目简述

本研究通过中国期刊全文数据库 CNKI 以及国外的 ERIC、ICYT 和 ISOC 三大数据库的检索开始，这些数据库包含了来自科学期刊的主要文章，特别研究了有很高科学声望的杂志，例如，电化教育研究、中国电化教育、中国远程教育、开放教育研究、现代教育技术、欧洲教师教育杂志、公开评论季刊、远程教育学习、美国远程教育杂志、英国教育技术等。在线环境下的学习逐渐成为现代学习培训的主角，从理论的角度厘清教师的职能及能力要求迫在眉睫。通过检索国内数据库，关于研究在线学习环境下高校教师的能力和角色的论文很少，也就无法进行对比和总结，因此对于本研究的参考价值不高，本研究把主要视角放在国外的相关文献上，本研究总结了欧洲高校 16 项不同类型的高校教师培训任务的设计，分析了这些高校教师培训是如何选择培训内容的，同时还分析了这些高校对教师在在线学习环境下所进行的专业发展研究活动。从每个高校教师培训项目中选出两到三个设计项目，这些设计从信息到过程的描述都遵循同一标准。这 16 个专业发展培训活动中 7 个初始培训，9 个是后续培训。半数培训内容都通过网络环境下展开，剩余的则通过混合学习的形式展开。

我们特别关注这 16 个培训项目的设置，即这些培训项目都指向哪些高校教师职能和能力（表 12－1）。教师能力分类则遵循威廉姆斯分类标准①。在线教师职能的详细分类及与之相对的能力需求同样遵循威廉姆斯的四个分类，即技能、管理、组织和交流，需要指出的是，威廉姆斯分类标准同其他专家并没有本质上的区别，都认同他所提出高校教师能力的分类系统。通过对这些培训项目进行分析可以看出，这些项目重点培养或提高高校教师在线学习环境下的教学技能，如在线教学设计技能、激发在线学习者学习需求的技能、增强在线学习者之间交互的技能、融入在线教学进程的技能等；这些项目还强调提高高校教师自身的操作技能，如应用在线资源和工具的能力，设计在线学习材料的能力，如多媒体素材、基于网络的资源、资源检索等，另外还重视培训类型的需求（对培训的建议）以及继续教育的激励机制等。

① Williams, P. E. 2003. Roles and competences for distance education programs in higher institutions. The American Journal of Distance Education 17, no. 1: 45－57.

表 12－1 欧洲高校在线学习环境下高校教师专业发展培训活动设置情况

教师培训实践项目	目 的
数学在线	(1) 使用在线学习工具提高准备进入大学学习的学生的数学学习水平； (2) 使用新的教师工具培训数学教师
IOL（信息在线）	(1) 有效管理公开和隐私的在线信息； (2) 有效管理在线互动
HSH（医院－学校－家庭）	HSH 是一个研究 ICT 在线治疗价值的项目，该项目持续关注学生在医院、学校以及家里接受治疗的情况
网络教学的基本知识	(1) 设计网络教学中有意义的教学方式； (2) 能够使教师有效运用在教师发展培训项目中所学的知识
四个研究性学习软件	(1) 为让教师了解哪些软件可以用来分析不同类型的研究数据； (2) 如何选择一个软件和一定类型数据最合适
如何在网络中教学	(1) 给教师在网络教学和教学方法上提供可借鉴的经验； (2) 通过网络在线培训等方法来评估学习者是否胜任大学教师
“在线教学设计”在线课程	在开发者的帮助下能够使教师学会设计和开发在线课程
在线课程帮助	教师作为远程在线学习者所要接受的帮助
培育项目	为了使教师和学生之间像学生和学生之间那样，在家里也能通过计算机来进行交流和研究
基于 ICT 的教学和学习	教师根据自身的情况如何通过 ICT 来传递知识和技能并以此来提高自己的教学效果
ICT 科技培训项目	(1) 提高教师的 ICT 能力； (2) 当教师要进行网络教育时提供给教师必要的 ICT 知识
UOC 大学教师辅导在线	为了给使用虚拟学习环境的教师提供在线动态咨询
多媒体与传播学新教师培训计划	为教师在在线学习环境下开展咨询服务工作而进行在线交流技能和策略培训
专业指导	这种指导为新教师提供专业指导的，新教师需要专业培训方案和在线教育支持服务，努力使其具备基本的教师资格
CSCL 工作组项目	培训教师在教育教学中如何有效协作以及有效使用 ICT
ICT 教育	(1) 在教育教学中提供给教师使用 ICT 的思想和方法 (2) 让教师进行 ICT 教学设计和学习过程设计时运用创新教学原则

与面对面的传统教学相比，在线学习环境是教师职能的延伸或转化，这与自然情景相比，环境的变化对教师能力提出了新的要求。在线学习环境下，教学不仅仅局限在知识和经验等方面的传授，教师将面临网络环境下沟通和交流方式特殊性的挑战。在线环境下高校教师成功实现教与学角色转化，交际能力是关键，教师是学

习的引导者和协调者[1]。教师将在四个领域中承担不同的角色：即教学、社会、管理和技术，高校教师在在线教学过程中必须掌握 ICT 在每一个领域中的运用。

关于在线学习环境下教师角色定位的探讨，大多来自对教师在线教学的观察和分析。威廉姆斯（2003 年）定义了教学环境中教师的四种角色定位，并以此为依据提出了 ICT 在在线学习环境中的应用：①交流和互动；②引导与学习；③管理和组织；④技术的使用（覆盖所有领域）[2]。该研究以实践过程中教师能力需求为依据进行教师角色的定位。科波拉等（2002 年）将研究重点集中在在线环境下高校教师能力的转化，这项研究最重要的成果是引起了教师对其在教学环境中自身能力重要性的重视。该研究指出，高校教师认为教师角色从“领域专家”向“学习导师”转变[3]，此理念的变化与师生的互动模式、教学设计的改进，尤其是在教学组织、管理、控制和评价密切相关。因此，高校教师角色定位与在线学习环境中的角色认知、情感渗透及教学管理密切相关。值得一提的是克莱因等发表的研究报告（2004 年）设计的高校教师能力量表包括 18 项指向与教师职能绩效相关的五个大方面，即专业基础、规划和准备、教学方法和策略、教学评估、和教学管理等[4]。该研究通过对全球超过 1300 万的高校教师从业人员样本进行分析，详细描述了每个领域所需能力及其有代表性的 98 种表现形式。除了以上三项相关研究，其他相关研究虽然没有明确指出所需教师角色和能力，但都认识到在线环境中交流沟通能力的重要性，教师应尽量鼓励学习者创造性思维的开发、学习策略的灵活运用及知识的有意义构建。

12.2.2 在线学习环境下高校教师的角色定位和能力分析

总体来说，在线学习环境中高校教师的角色扮演应主要体现以下三个方面：①规划和设计；②社会交往；③教学指导。需要指出的是，各个角色之间并不排斥，而是在教学过程中会交叉重叠。依据教学目标及教学内容，规划设计是指规划教学所涉及的任务、教学过程的组织，以及预期促进师生和生生之间的互相沟通的教学行为等。社会交往包含高校教师干预教学过程、通过营造沟通氛围来激励对话的生

---

① Berge, Z. L. 1995. Facilitating computer conferencing: Recommendations from the field. Educational Technology 35, no. 1: 22 – 30.

② Williams, P. E. 2003. Roles and competences for distance education programs in higher institutions. The American Journal of Distance Education 17, no. 1: 45 – 57.

③ Coppola, W. N., R. S. Hiltz, and N. Rotter. 2002. Becoming a virtual professor: Pedagogical roles and asynchronous learning networks. Journal of Management Information Systems 18, no. 4: 169 – 89.

④ Klein, J., M. Spector, B. Grabowski, and I. De la Teja. 2004. Instructor competencies. Standards for face – to – face, online, and blended settings. IAP. Publishing in cooperation with the International Board of Standards for Training, Performance, and Instruction (IBSTPI) and Association for Educational Communications and Technology (AECT). USA.

成，以及知识的构建所需的能力等，因此，教师在社会的角色应是主动的适应者、社会文化的引领者①。教学指导角色是指高校教师对本专业知识的认知程度，能否实现高效的信息处理及促进深入复杂的以及关键性学习发生的能力。这个角色与教师使用信息和ICT的能力息息相关，但在以协作学习方式为主的环境中技术的使用将变得更加复杂。

上述定义的高校教师在线学习角色，都或多或少需要一系列能力来履行这些角色，但在这个问题上学界并没有达成共识。对于不同的教学内容，必须认识到从教学的组织到过程都有其特殊性，教师在完成教学任务的过程中会扮演不同的角色。必须强调的是，在线学习环境下高校教师所完成的社交功能超越了传统意义上的教学功能。特别是在在线协作学习过程中，社交功能通常与几个常用角色相关，如调解者、引导者、主持者等，通过这些角色扮演，我们期望能更好地促进和调整在线学习过程。大部分教师的社交功能都是通过角色扮演以促进在线学习过程的顺利进行，因此，在线学习环境下高校教师的角色应该是教练、导师、顾问、评估者、研究者、管理者以及资源提供者等。而在线学习环境下学习者对高校教师的能力提出了更高的要求，在线环境下教师应具备的最基本的能力包括设置有效激励激发学习、交流沟通能力、选择合适的教学策略以及促进有意义的知识建构等。

12.3　在线学习环境下高校教师角色和能力需完成的基本培训项目

对于在线学习环境下高校教师的角色和能力，不同的学者有不同的看法，本研究进行了质的研究并努力得出结论，希望构建或验证完整意义上的在线学习环境下高校教师角色和能力。我们对欧洲高校教师16个培训项目设定的目标及高校教师对教师培训的期望做了深入分析，通过对比分析看出，在线学习环境下高校教师专业素质提升活动的目标与教师对培训的期望之间存在着一定的联系，从彼此之间的联系中我们可以看出，培训受到了技术的严重制约。在线学习环境下阻碍有效教学的因素主要同该环境下的有效交流以及教学内容相关，如如何促进学习者的有效学习、在学习过程中如何有效利用ICT的支持、学习者在线学习期望的交流、学习资源的及时更新等。

在线学习者意识到培训过程中获得有效指导的重要性，教师不是教学过程的主体而是主导。在教师培训过程中，与学习同伴之间的经验交流同样也是非常重要的，学习同伴之间的支持是远程教学的重要学习手段，因为实践证明，同伴和师生之间的合作交流是有效的。因此，高校教师认为良好的交流是促进在线学习发生的重要

① 高飞．高校教师角色冲突及其调适[J]．黑龙江高教研究，2007，12：92－94.

因素，高校教师分清课堂教学与远程教学之间的责任也是同样重要的。在实际操作过程中，在线学习环境中教师的培训任务分别按照不同的专业展开，因此一个高校教师无需扮演所有的角色，但需要同其他专业教师展开正常的交流。无论在何种情况下，培训过程中高校教师所需的能力不仅取决于所扮演的角色而且与学习任务相关。从这个角度来看，在线学习环境下高校教师应具备的能力和角色之间存在交叉区域。根据这一原则，在线学习环境下高校教师能力的划分取决于教师所扮演的角色及所属领域，根据教师专业发展所属领域设计相应的培训项目如表 12－2 所示。

表 12－2　在线环境下教师角色和能力所需完成的基本培训项目

角色和能力	基本培训项目
设计者 （包括对在线教学过程的课程设计、组织、引导及监控）	（1）在线教学设计过程的定位； （2）在线学习资源的选取与评价学习内容及问题的展示； （3）以交互活动的形式在网络环境下设计传统教学内容； （4）在线交互活动的创新设计； （5）教师引导学生进行互动活动； （6）建立时间参数
社会角色	（1）管理学习者间的交流； （2）远程学习过程中同步在线学习活动的管理（实时课堂、课后作业及虚拟实验、学习导师间的经验交流、在线交流等）； （3）虚拟教室活动管理（可见/不可见过程）； （4）讨论活动过程中的一致性及差异； （5）探索学习序列； （6）加强认知或学习者对在线学习的促进作用； （7）创建学习氛围； （8）评估过程的有效性； （9）及时反馈和终结性评价
认知角色 （认知主要涉及同知觉、信息存储、记忆等，和问题解决的心理过程密切相关）	（1）影响在线交流互动的学习参考和评价标准； （2）远程在线学习指导； （3）在线支持的学习所需知识的验证； （4）提供虚拟教室的使用策略指导（如何同学习同伴交流、虚拟教室简介等）； （5）了解什么是协作/自主/反思/真实学习； （6）教学组织（在线同步学习的有效性）； （7）课后习题和虚拟实验； （8）在线支持的教学评价
操作技能 （主要包括提供在线学习服务、多媒体知识、借助工具获取知识的能力、软件操作技能、数据分析技能等）	（1）确定虚拟校园的功能； （2）如何利用在线学习环境实现网络支持的教学； （3）支持在线教学的系统平台； （4）在线应用程序和资源系统； （5）大学校园网络及信息技术支持的网络课程建设

续表

角色和能力	基本培训项目
管理能力	(1) 管理虚拟教室及共享文件区域； (2) 管理同步和非同步学习环境； (3) 管理公共邮箱； (4) 微格教室的监控； (5) 将从不同途径获取的知识（如书本、文章、网络、个人经验等）转换成在线学习环境支持的格式

12.4 本章小结

将 ICT 引入到教学中，给学习过程带来了实质性的改变，但最重要的是在教学功能上的变化。另外一个最重要的作用是发挥了教师的社会功能——在线交流，这种在线交流考虑了在线学习环境中对预期目标的要求。信息化社会要求教师应不断地对教学进行反思和评价，提高对教学活动的自我觉察能力，发现和分析其中存在的问题，提出改进的方案①。因此，ICT 在教学中使用的教学方法应该不断创新，并适应当前高校老师和大学教育的实际需要。需要特别指出的是，在实践中高校教师的角色和能力的整合，有时甚至是互相重叠的，即使我们可以区分每个功能所要求的能力及所要求的任务描述。创新在线教学方法是对在线学习环境中高校教师角色的认同和提升，本研究在线学习环境下高校教师的角色和能力，努力在在线学习环境下建立高校教师培训方面作出有益的探索，从而满足高校教师的培训需要和提高在线学习环境中高校教师的实践能力。从这个意义上来讲，本研究是致力于观察在线学习环境下在课堂学习方面对教师角色、能力和基本任务的要求，这会有助于高校教师明确自身职责，不断提升在线教学质量，进而持续促进自身的专业发展。

① 王德炎．信息化社会背景下高校教师角色转型[J]．教育评论，2010，01：68－70.

13 基于绩效的教师在线发展模式

信息时代的到来对教师的信息素养和专业素养提出了更高的要求，同时也给教师的专业发展带来机遇。但是，目前教师专业发展的成本越来越高，如何降低教师专业发展成本？如何使有限的教育资源获得最大的教师专业发展效益呢？这些问题是在当前的教育技术发展形势下显得至关重要，由此最先在企业界广泛应用的绩效技术成为当前教师专业发展值得研究的前沿课题。就绩效技术来说，引入到我国教育技术学界成为热门研究课题也是刚刚开始，目前其在教育技术学应用的理论与实践还不太成熟。绩效技术具体应用到教师专业发展目前国内学者还没有较为深入系统的研究成果，有个别学者提出了绩效技术在教师培训中的应用模式，但是还存在不完善和不系统的地方。因此，针对教师专业发展，在当前 E－learning 环境下基于绩效技术的教师在线发展模式的研究具有现实意义和应用价值。

13.1 基于绩效技术的教师在线发展模式的特征分析

对于国内大多数习惯于课堂讲授的教师来说，在线教学仍然是一个相当新的领域。目前，大多数教育机构通过培训帮助教师使用在线教学，或者在更多的传统情景中利用网络工具来补充他们的教学。把在线工具整合到传统教学中时，教师需要考虑很多的因素，例如技术工具的使用、新的教学方法的应用、学习者之间相互交流协作的新途径等。教师大多数能够较熟练地使用在线教学工具，但当他们有不同的教学需求时，仅仅用单一的培训方式产生的效果不会很理想，我们采用在线教师发展模式基于以下几个特性：

13.1.1 技能性和有效性

在在线环境下，培训和教师发展不是凭空出现的。教师们的社会文化背景和信息素养不同，即使使用同样的在线工具，由于缺乏必要的技能而不能很好地使用它们，会导致他们在线教学效果不理想。一般来说，在在线环境下设计教师发展，应该考虑在线教学工具的使用情况和在线教学的有效性这两个主要因素。

13.1.2 社会影响力

即使在以科技为基础的美国，继续教育是一项创举，其发展取决于多项因素。在继续教育的发展壮大过程中可能需要考虑四个因素：创新、交流渠道、时间和社会网络①。其中，有一些因素是不容易改变的，如时间，它对其他因素的影响较大。在设计教师发展的干预措施时，其阶段和地位的发展变化都应该加以考虑。很多研究表明，在教学实践中网上教学更容易深入人心，还可以使潜在学习用户更加熟悉。举例来说，社会网络可以有意识地建立和精心策划，以提高对在线学习的认识。早期在线使用者，可以被请来教新学习用户，为了扩大在线学习的影响，可有针对性地把在线学习整合到教师发展过程中。

13.1.3 教学效益的系统性

教学效益是在线学习过程中一个极为重要的因素。而这与其使用的广度有关（即有多少人使用在线教学工具），效益还与其使用的深度有关（即教员在网上教学中如何很好地使用技术工具）。无效的使用技术工具不仅不利于提高学员的学习效果，而且也会影响与他们有关的教员和各远程教育机构的名誉。提高学习效益是一个系统的过程，涉及多方面的利益以及投入。如图 13 - 1 所示，教学、技术、界面设计、评价、管理、资源支持、伦理和体制因素对于在线学习的成功很关键②。该模型表明，提高在线学习的效率是一个系统化过程。因此，对于教师的发展，应投入到以绩效为基础的情景中。学校对教师发展的使用方法各不相同，最常用的方法是正规培训。但在某些情况下，正规培训不应成为唯一的选择，如果不是特殊需要，激励和帮助教师利用在线学习工具在支持学习上可能会起着同样作用。

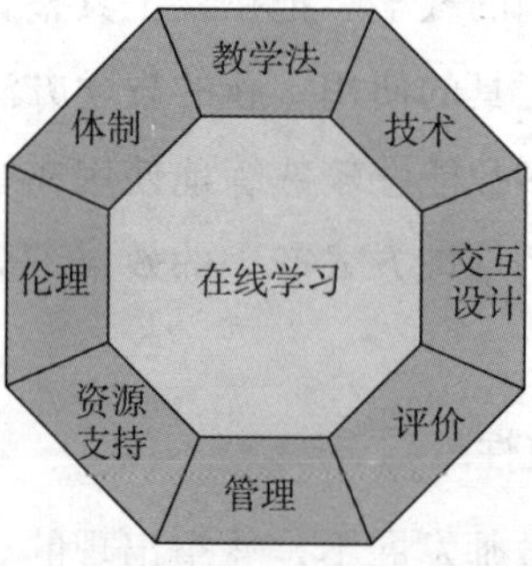

图 13 -1 影响在线学习效果的因素

13.1.4 通过培训提升绩效

许多教育机构的在职教工培训主要是培训开发教师的知识和技能。在许多情况下，训练有素的教师可能还缺少持续的支持、参与动机以及和谐的环境，在这些弱

① Rogers, E. M. (2003). Diffusion of innovations (5th ed.) [M]. New York: Free Press:372 - 376.

② Berlin Fang. A performonce - based development mode for online faculty[J]. Performance Improvement, vol. 46, no. 5, May/June 2007,17 - 24.

点方面要防止进一步扩展，并在大多数情况下应该保持更高的培训效率。

13.1.5 激励和支持

教师的发展和培训过程中的激励和支持是紧密相关的。无论是教学过程中的一个成功或失败的案例，或是某一特定训练计划，或是教师成员如何做都应该考虑。但它如果被放到绩效改进的环境中就需要强调这些问题，在绩效改进领域中更加强调技能、动机和环境，在动机上（他们将怎样做?），或者在环境中（环境支持吗?）。如果重点放在强调这些问题的根源，而不仅仅是提出问题，成功的机会应该会高得多。有的老师已具备适当的在线教学的技能和条件，但他们这样做并没有得到任何鼓励和支持，这可能是少数初期使用者的问题。培训可以在一些小的方面起作用，但它不会在一夜之间解决真正的问题。教师们担心的是一旦搬到网上学习，他们传统的课程教学体系将可能被打乱；还有的老师可能会担心他们的在线学习不会得到他们像在传统学习中那样的认可度；或者他们可能会担心他们将不得不把更多时间投入到设计和开发在线课程中。这些问题可通过制度支持和向教师提供适当的教学津贴来解决。

就教学成效而言，一些教师们为设计教学可以依靠教学辅助人员来完成，甚至帮助他们完成在线课程教学。一些大量支持在线教学的基础设施，能激励更多的教师们到网上教学。这些基础设施通常有助于教师的相互交流和合作，也可以鼓励那些在学习使用技术工具上不想投入时间和精力的教师们。

13.2 基于绩效技术的教师在线发展模式架构

以美国 Romiszowski 所描述的系统绩效改进模式为理论依据，结合大学教务处和信息中心教师在线培训工作实际，我们设计了网络教育中的师资在线发展模式（图 13－2），此模式中，我们力求兼顾可能影响到教师网络教学绩效的各个方面。该模式涵盖多种干预措施，包括考虑多方相关者的利益，并且能明显改善教师的在线教学的表现与效果。例如，常规培训可以使教师掌握在线学习必备的基本技能；用户社区可解决在线发展的激励与支持问题，因为这些社区不断鼓励教师，当他们讲授网络课程时，他们不是孤立的，他们可以期待他人给予反馈、指导和帮助，他们也可以共同寻找解决办法，并确定最佳做法。知识管理可作为在线学习一种明确的巩固过程，其中较有经验或熟练的教师可以得到社会认可。形成性评价提供及时反馈，使教师们不需要加以判断就可以能提高他们课程学习。电子绩效支持系统它包含了手册和工作辅助工具，相当于在线上教师可以自我反思和学习，提高工作效率。该模型采用这五个类别的干预措施，希望增强其针对性和可操作性。它的主要目的是力求平衡教师自身知识的内化和外化，技巧和态度等。

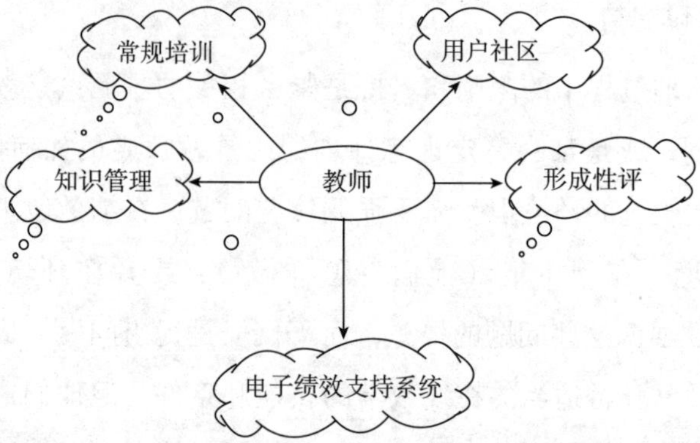

图 13－2 教师在线发展模式构成要素

13.2.1 常规培训

许多教师都缺乏在网上教学需要的基本技能，举例来说，他们不知道如何使用学习管理系统进行设计与辅导课程；他们不能熟练使用 Microsoft Office 的 Excel，Power Point 等；他们对于 Blog、Wiki、思维导图（Inspiration）、Moodle 或书签等软件的了解很少。针对教师在基本应用程序、新兴技术应用中存在这些不足和缺陷，通过常规培训可以有很多办法来弥补和帮助他们顺利进行在线教学，这是教师获得基本知识和技能的先决条件。在线教学的教育管理者，有时会犹豫要不要来提供这种培训，因为他们本身也不熟悉这些新兴技术。但是，在线学习也可以替代常规培训。举例说，网上教育的行政团队可以继续管理培训过程，但培训导师可以来自诸如不同来源的供应商、同行机构以及采用现成的或定制的商业培训课程。大多数行业性的会议也提供会前专门培训，用户或潜在的用户也可以接受培训。但在具体实践中，仅依赖于常规培训效果是难以保证的，因为传统的课堂教学方式是不受教师们欢迎的。例如，2007～2008 年间，某大学教务处和信息中心为提高全校教师的信息素养和信息化教学能力，曾经安排共计 40 学时的培训课程，每次为 2 个小时，但 80% 的课程因报名人数太少或无人报名而被迫取消，该中心只好探索其他各种新型学习方法。

13.2.2 用户社区

用户社区是近几年来在美国远程教育在线培训中兴起的一个新的事物，它的最大优点是克服传统教学方式的弊病，其理论依据是建构主义。用户社区是一个开放性及流体样的组织，网罗了不同层次和不同文化背景的用户，让他们共同学习或实现一些共同的目标。教师和学校远程教育工作人员工作处于不同的文化背景，但目前我国远程教育往往是由远程教育工作人员管理，从这个角度来看，教师们不是这些工作人员，他们有时会令教师们的工作很困难，因为他们在管理程序的过程中有具体的统一要求，这样在很大程度上会侵犯到教师教学或学术自由。有些教师可能会凭直觉抵制他们，因此有时教师不愿意去参加这些工作人员安排的训练活动。其实，他们之间完全可以更轻松地沟通，彼此相互合作，相当于同事。在线学习的管理员可以充分利用教师的兴趣，直接或间接地建设和促进这种用户社区。用户社区的使用发挥了重要作用，它促进了社会的互动，并帮助新的在线教师用户了解当前工作的环境①。所有的在线教师都在不断地学习，以适应他们周围世界的不断变化，因此教师把社区学习看作是他们日常工作不可分割的一部分。

在用户社区里，教师们可以通过在一种非正式的方式形成这样一个学习共同体，学习共同体更强调学习的协作性，学习方式多元化，学习的目的在于促进教学和工作创新。比如，在高校信息中心设计的在线培训系统中，用户社区系统管理员能够在网上教学找出新用户和专家用户以辅导的关系组队，使知识和技能能在他们之间传递。管理员还可以在学校各院系、各部门之间，甚至整个校园形成学习用户群体。这些用户群体可以发挥自己最大的功能支持学校的工作，如教学部门用相似的方法可能会吸引教师们共同努力使最佳的在线教学经验能够迅速推广。为了拓宽教师的视野，在用户社区里可以形成更广泛的在线用户群体，通过经常开展小组会议、研讨会等各种交流方式，可以使教师的注意力转到由其他在线学员的新颖的学习方式上。当师生参加这种较大的跨学科、机构的用户群体，他们更有机会找到适合自己最佳的学习方法。

13.2.3 电子绩效支持系统

对于一些不经常使用的学习工具，教师们没必要专门花时间专门学习这些工具，相反，可以使用手册或工作辅助工具。在当今的网络教学环境，教学手册和工作辅助工具可以采取电子绩效支持系统（EPSS）。该系统由超媒体信息库（Infobase）、教学专家系统、交互性训练系统、在线帮助/参考系统、效能工具、教学应用软件、教学效果检测系统等部分构成，集成在一个统一的用户界面中。教师可在无需外人培训或指导的条件下，通过 EPSS 软件提供及时的、符合需求的信息、指导、例子和循序渐进指导的对话框来改进教学工作绩效。该系统可以有效降低教师职前培训的需要，能及时给教师提供帮助和自适应支持，极大地扩展了教师在线学习的认知

---

① Hatch, T. (2006). Into the classroom: Developing the scholarshipof teaching and learning[M]. San Francisco: Jossey - Bass:286 - 292.

能力，从而提高教师在线学习效果及工作效率。

绩效支持，可以透过下列方法来实现：

（1）管理员可以建立一个在线资源支持中心，该中心可提供一个索引及分类的资源，经常询问的教师成员无须记住他们的具体任务。例如支持中心，可以提供教程或动画示范如何在学期之间更新课程，如何设置开课日期，或如何更新考试。该资源中心还可以提供流程图等工序作为课程的应用，课程设计和课程审批。因为这些程序不用于日常生活中，教师不太愿意花时间和精力来学习。

（2）在线课程开发的工作人员可以开发支持工具，以嵌入到课程管理系统来协助教师们完成他们的任务。举例来说，Flash 软件的开发，可以连接到提供免费下载的工具网站上，也可以提供其他在学校相关的资源，如写作中心、科技服务中心以及辅导中心等，其他的开发工具可为教师们提供实时的在线帮助。

（3）课程设计与开发单位通常被认为技术保障部门，它们对支持和指导教师起了积极的作用。正如很多技术工具衔接，课程设计和开发人员可以作为创新者或早期的新兴技术的采用者，让他们永远停留在领导的地位，以更好地满足教师的需要。有工作经验的教师、教学设计人员和开发人员可以成为电子绩效支持系统或工具主要内容的贡献者。

13.2.4 形成性评价

形成性评价是相对于总结性评价在项目完成之前的评价，它的主要作用在于改进和提高。而总结性评价是对项目完成是否成功、是否通过、是否继续之类的总结性判断。一般来说，这两种类型的评价可以有效保证在线教学质量。但是在现阶段，鉴于很多教师还处在网络教学手段的使用早期阶段，如若轻易给予终结性判断，如果不是正面反馈，有可能挫伤其积极性，使之不愿意继续。因此，提高在线学习的效率，形成性评价可以用来作为网络教育中师资培养的一种重要的实现方式。

形成性评价可以是正式的课程评价，如中期课程调查来源于学术单位的反馈，来源于教学设计专家的反馈，或从质量控制组织或委员会的反馈。形成性评价，也可以是非正式的，如教师们在用户组会议和日常沟通过程的设计师和教员之间的探讨。如果这种反馈没有表明课程是一个“成功”或“失败”的投入，则说明用于决策过程改善的投入是有用的。如果他们反对把这种反馈作为判断它们是否有能力任教的手段，而通过与教职工之间的交流来区别形成性评价和总结性评价是不可取的。把形成性评价结果具体化的过程本身就是一个学习的过程。

在形成性评价中必须考虑一个重要的问题，即评价标准的确定和创新。对于一个关于对教学成果或做法的评价来说，标准被认为是可取的信息，如果标准是死板的，创新在教学设计中可能被抑制；如果标准太松，那么会出现不合格的课程，这样会对学生产生不良影响。评估人员应确保合格和创新之间良好的平衡关系。评价标准本身应定期进行评估，以在远程教育中应该不断吸取新的研究结果及建议。同时，评价标准要维持一定灵活性，以鼓励创新。灵活性在课程设计和讲授过程中，而不仅仅是所表现出来的教学方法上，还集中体现在教学目标或原则上。举例来说，“一节课至少应具备 5 个讨论话题”“这是一个苛刻的计数标准，评估人员可以做出这样的建议”“在这个过程中用讨论来促进交流与互动，而不是用标准”，在每一个模块用考试和测验来评估学生的学习，当“评价者可建议在每一个模块使用适当的评估工具来评价学生的学习”，这样，教师们可以选择最适合他们所教授内容的方法或工具。“适当的评价工具”不仅包括问答、比赛和考试，而且还包括讨论、网上发言、小组项目、课程组合等。

13. 2. 5 知识管理

知识管理涉及的知识包含隐性知识和显性知识，而知识管理所面临的最大挑战是隐性知识的分享。通过这种分享，隐性知识才能转化为显性知识，从而发挥知识的最大价值①。在我们构建的教师在线发展模式中，知识管理重点要关注知识活动的主体——教师。知识管理作为绩效技术重要的干预手段，其目的是为了建立一个以人为本、由人主导知识、人人愿意分享知识的组织体系。知识一旦被分享可以发挥全部的更强大的功能，WIiki、Blog、Moodle、思维导图以及社会网络应用的出现，理应把我们带到一个激励与支持、知识共享、开放原则的社会文化体系中②。这种文化也可以适用于教师在远程教育中促进自身的专业发展。在信息时代，我们可以使用搜索引擎在互联网上发现几乎所有需要的东西，信息或知识不是某个人、某个机构或组织独有的，但在线学习存在网络信息过剩的问题，这往往会使我们在“信息的海洋”里迷失方向，我们已经从信息时代转向概念时代③。知识管理可以帮助教师用户为他们需要的信息工具或资讯中找到最快捷的路线，因此，就学校培训机构应该利用在线学习鼓励教师们分享他们成功的教学科研经验。

知识管理要想持续发展要从教师自身入手，因为无论是哪一种技术都不如产生知识的人自己来储存、传播知识更为有效。它强调人的转变，除非一个学校的教职

① Van Buren, Mark E (1999). A Yardstick for knowledge management[M]. Alexandria Virginia: American society for training & development:442 –448.

② Curteen, D. (2006). Message posted to theCurteen Knowledge Letter. Retrieved December 2006 fromhttp://www. gurteen. com/gurteen/gurteen. nsf/id/newsletter078.

③ Pink, D. H. (2005). A whole new mind: Moving from the informationage to the conceptual age[M]. New York: Riverhead Books:165 –171.

工有一个共同的值得称道的经验和认识。要加大奖励表现优秀的，不管知识分享是自发的或促成的，都应积极增强分享关系。作为企业管理顾问，成功的组织会提供充分的时间和奖励，以鼓励他们的雇员开发和分享知识。如果教职员工为书面文件或补习投入大量的时间，就有可能从中受益的基础知识和技能而言，这种努力也应该得到鼓励和支持，教育管理机构可以考虑减少部分的教职员工的工作量。教育管理机构也应该建立一个促进知识共享的基础平台，关注基础平台中各类人员在知识管理中的作用，强调在职人员、退休人员、外聘专家的显性知识和隐性知识的共享，以促进知识共享。通过共享平台让信息技术成为支持隐性知识分享、探究未知世界，创造新知识的基础架构。如 Share Point 站点、Wiki 网站、知识管理 Blog、网上论坛、邮件组和日志。

13.2.6 模型的应用

绩效技术的改进也并非是单纯的师资培训方面的，它还包括技能、态度、环境等方面的改进。该模式试图反映一种面向绩效层面的思维，这个模型还讨论了在现代远程教育中在线学习的社会影响力、态度、技能和有效性的考虑，使得在线学习的社会效益和经济效益得到保证。该模式在借鉴美国 Romiszowski 的绩效分析模式和马歇尔大学的应用模式的基础上，根据高校教师培训的实际设计的，在具体实施上我校信息中心加强与 Blackboard 公司合作，利用我校的 BB 网络教学平台开发适合我校实际的教师在线学习模式（表 13－1），使得教师利用在线学习系统取得较好的成效。该系统包括以上模式的多个环节，例如：青年教师常规教学方法（培训）、同行在线评教系统（知识管理、用户社区）、多媒体信息库（绩效支持）、学科教学交流区（知识管理、用户社区）。事实上，采取远程网络在线教学比传统的教学的经济成本要高得多。但是在线教学快速增长的原因是因为它有助于教师们在在线教学中开发自己的能力，有助于教师教学技能的提高和方法创新，它所凸显的巨大生机和活力弥补了它所存在的不足。

表 13－1　教师在线学习模式应用项目设计

方　法	应用项目
常规培训	（1）多媒体制作基础； （2）青年教师常规教学工具与教学方法； （3）BB 教学平台使用
用户社区	（1）教师新用户交流区（E－mail、交流讨论区）； （2）学科教学交流区（E－mail、交流讨论区）

续表

方 法	应用项目
绩效支持	（1）多媒体信息库（Infobase）； （2）学科教学专家指导系统； （3）多媒体课件演示与训练系统； （4）在线帮助/参考系统； （5）教学效果检测系统
形成性评价	（1）教学指导专家在在线评教系统； （2）学生在线评教系统； （3）同行在线评教系统
知识管理	（1）教学经验讨论区； （2）优秀网络课程、课件、教案展示区； （3）优秀教学成果展示区

13.3 本章小结

简而言之，该教师在线发展模式在这里不是一个完整反映现实的性能模型，也不能说它包括了帮助教师在现代远程教育中促进专业发展的所有办法，我们主要是在 E－Learning 环境下试图把绩效技术引入教师专业发展的研究中思考如何有效提升教师专业发展。尽管目前绩效技术应用到教育技术领域中还不太成熟和完善，但它可以起到抛砖引玉的作用。不过它能带领我们从目前仅仅采用盲目的低效的培训项目中更进一步，它也可能是在远程教育中进一步探讨基于绩效的教师发展的一个新的开始。

14 移动学习环境下教师备课教学系统设计

经过各级、各类教育行政机构、学校及服务单位多年来的共同努力，我国教育信息化程度不断提高，运用信息设备、教学软件及数字资源辅助教学的水平不断提升，为提升教学效果、促进教育资源均衡配置和教育公平发挥着积极的作用。随着教育信息化的逐步深入，特别是电子书包试点工作的展开，教育信息化也遇到了优质内容资源匮乏、教师信息技术应用能力不足、意愿不强的问题，教育信息化的效果不甚理想。这里除了教育理念和内容资源的因素外，教育信息化本身存在的各种问题也不容忽视：信息设备及应用软件繁多、系统集成度差、资源对接困难、应用不够灵活等，这些都是需要深入研究和着力解决的问题。

14.1 研究问题的提出

智能手机、PDA、平板电脑以及其他便携式通信设备的普及，使移动学习成为一种新兴的学习方式①。移动学习逐渐从"在线更新、离线学习"为主体的方式走向网络化，移动学习的实现模式将更加多样、灵活、高效②。现在大多数中学教师习惯通过电子邮件或聊天工具与学生进行交流，甚至有不少中学课程通过网络平台对学生进行讲授和课后指导。中国的90后、00后学生移动学习终端设备配置充分、手机功能强劲，绝大多数同学愿意接受移动教学互动工具③。尽管无线移动设备有巨大的发展潜力，手持式设备在学科教学中应用所面临的挑战是如何把移动技术完完全全地融入日常学习环境中，成为学习中自然而然的一部分。M－learning首先给传统的学校教育带来的是物理环境的变化④。这需要与其他教育技术系统配合，构成良好的自由探究、社会交互及知识建构的学习环境，形成稳定的信息生态，这对于教学实践的顺利开展具有非常重要的意义⑤。在移动学习环境中，需要借助移动技术创新设计移动学习平台，着力于解决教学设备调用、多样化教学资源集成、复杂教学场景适配等问题，特别是注重教师教学应用的灵活性和便捷性，以及师生之

---

① 杨方琦，杨改学．近十年我国移动学习学术期刊论文的内容分析研究[J]．远程教育杂志，2010，(6)：39－45.

② 傅钢善，李婷．3G时代基于专家系统的移动学习模式[J]．中国电化教育，2010，(4)：106－111.

③ 陆映波，郅平．基于移动学习终端的外语教学模式研究[J]．现代教育技术，2013，(6)：71－75.

④ Anna Trifonova，A General Architecture to Support Mobility in Learning[J]．Computer Society，2004，(8)：203－216.

⑤ 余胜泉．从知识传递到认知建构、再到情境认知[J]．中国电化教育，2007，(6)：7－18.

间的全方位互动，应是新时期教育信息化研发推广工作的重要方向之一。移动学习环境下的教师备课教学系统可以满足教师备课、授课、互动及个人研修的多种需求，通过运用先进理念和技术创新，可以最大程度上释放教师潜能，让课堂教学回归教育本真。这将有利于我国教育信息化发展的持续推进和水平提升，促进教育资源均衡配置和教育公平。

14.2 系统设计理论基础及功能定位

14.2.1 系统设计理论基础

在移动互联网飞速发展的今天，随着物联网的逐步实现和普及，人们的生活及学习方式将发生革命性的变化。未来的移动学习环境需要充分考虑教师和学习者的真正需求，尽可能为师生提供优质的个性化便捷服务，这也相应需要设计与开发功能齐全的移动学习系统。建构主义学习理论认为，学习者必须在一定的学习环境中反思和实践，学习者的学习活动是以任务驱动来解决问题的，是在已有知识和经验的基础上来进行抽象概括和解决问题。在 M – learning 中学习者是信息加工的主体，是知识意义的主动建构者，是教学活动的中心，学校、教师、Internet 都将成为学习者的资源，为学习者服务①。对话理论认为，有效的学习需要学习者之间或者学习者与教师之间不断通过双向对话和互动来实现。在课堂上师生利用移动学习平台可以促使学习者对知识的认知加工层次由较低层次目标（知道、领会、运用）发展为高级层次目标（分析、综合、评价、创造）。教师可以根据学习内容设置一些复杂的情境问题，学生利用移动学习系统的资源及工具进行较高难度的思维训练，进而提升学生深层次的认知加工能力②。

因此，移动学习环境需要为教师和学习者提供丰富的教学资源、个性化服务、多层互动和协作学习等，让教师在轻松的环境下积极投入教学创新，从而激发学习者学习学科知识的积极性和主动性，真正实现“以教师为主导，以学生为中心”的教学理念。本系统把各类教学资源按照学习功能进行分类整合，打包成“集装箱”，通过移动学习平台“装车”发布，学习者可以随时随地根据个人需要在线学习，如图 14 – 1 所示。系统具体作用有以下几点：

（1）提供多样化的优质教学资源。

丰富的电子资源是移动学习的基础，在教学中教师可以将自己的课件、教学资

① 孙怡夏. M – learning 学习环境的改变与教学设计原则[J]. 现代教育技术，2008，(3)：43 – 45.

② 余胜泉. 从知识传递到认知建构、再到情境认知[J]. 中国电化教育，2007，(6)：7 – 18.

料、教学软件方便地共享给学生，学生之间也可以进行学习资源的交流①。针对移动学习环境中碎片化学习的特点，搜集视频、动画等类型的学科资源。教师可以根据学习者特征、课程内容和学习界面需要设计与开发微课、动画等相应的学习资源。学习资源的设计需要考虑“教与学”的问题，“教”强调的是教学资源的内容设计，“学习”强调的是学习资源的界面设计②。

（2）个性化服务与认知方式。

在通知模块中，通过系统发布课程信息和咨询信息，展示与分享个人学习成果；在答疑模块中根据学习内容设计真实的问题情境，学习者可以进行探究性和交互性学习，发现问题并通过移动平台中的学习工具进行创造性地解决问题。学习内容的交互设计可以按照单个问题组织学习内容，并组成问题序列③。通过考评模块，学习者可以边学边测试，系统可以为每个学习者建立电子学档，记录学习者的得失，允许学习者反思自己的学习过程，教师可以利用系统对学习者进行客观的发展性评估；系统还提供“考点秘笈”“学习督导器”和“视频学习机”等，结合学科重点和难点利用移动技术为学习者提供建设性的学习方法，搭建数字化学习环境，教师可以推动学习、实施监督学习进度，提高学习者学习主动性和参与热情，培养学习者的探究精神和科学学习方法。

（3）多层互动和协作学习。

移动学习使用智能手机等移动设备作为学习工具，能很好地支持学习者与教师、学习者与其他学习者之间的交互④。教师可以基于课堂开展班级差异化教学，利用在线工具对不同学习程度的学习者开展个人辅导。对每个学习者的具体情况进行分析，制定出一套适合每个学习者的个性教学方案，从而提高工作效率和教学质量，达到事半功倍的教学效果⑤。也可以开展同质化或异质化小组协作研究性学习，学习小组基于项目和问题进行协作学习，学习者个人或者小组自由结合进行兴趣拓展学习，移动学习平台也可以支持学习者把学习同伴延伸到校外，开展移动网络社会生成性学习。

---

① 曹瑛，陈乐等．基于数字化校园的移动学习系统设计[J]．西南师范大学学报（自然科学版），2014，（5）：59－63.

② Perry，G. T.，Schnaid，F.．A Case Study on the Design of Learning Interfaces[J]．Computers & Education，2012，59（2）：722－731.

③ 刘清堂，向丹丹．面向3G手机的移动学习资源交互设计与实现[J]．中国电化教育，2011，（11）：72－73.

④ 司国东，赵玉，赵鹏．移动学习资源的界面设计模式研究[J]．电化教育研究，2015，（2）：71－76.

⑤ 朱学伟，朱昱，徐小丽．微信支持下的移动学习平台研究与设计[J]．中国远程教育，2014，（4）：77－83.

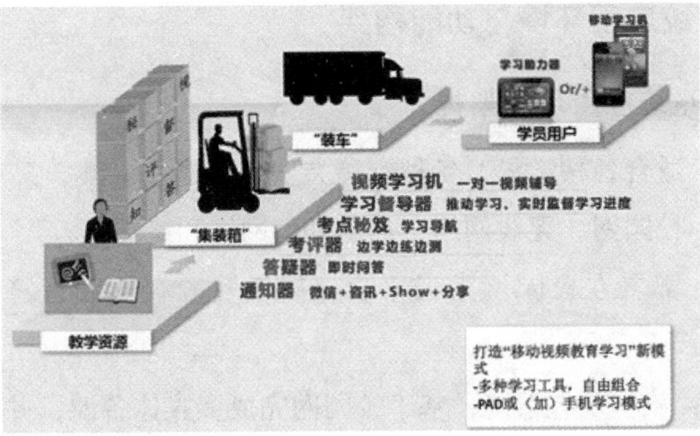

图 14-1 移动学习环境教师备课教学系统设计理念

14.2.2 系统功能定位

移动学习系统是指由于人们地理空间流动性和弹性学习需求的增加而建构的一种由支持网络、资源平台、移动学习设备组成的新型学习系统①。教学提供外部网络环境和公共资源服务，以及系统后台服务器的部署；教师基于校园网，并使用灵活的平台和便捷的工具完成备课，以及移动环境下的授课等教学活动；课堂无线网络环境是教学的主要场所，多媒体投影、智能白板、智能电视、幻影成像等成为主要的展示方式；个人平板电脑是开展教学的终端工具，教师和学生人手一台，拥有相互独立但又互通的交互界面。在教学活动中，教师通过手中的平板电脑可以随时调用各种设备和多媒体资源辅助教学，与学生即时互动。一线教师是教学活动的实施者和学习软件的使用者，应当使每位教师能够结合自己的教学和课程，灵活设计移动学习课程，开发移动应用，服务教学使用②。

在移动互联网条件下，借助新技术新手段新理念，着力于解决基础教育阶段中小学教师教学设备调用、多样化教学资源集成、复杂教学场景适配等问题，特别注重义务教育阶段中小学教师教学中的灵活性和便捷性，以及师生之间的互动。运用先进理念和创新技术，回归教育本真，可满足教师备课、授课、互动及个人研修的多种需求。在面向未来设计开发本系统的同时，作为过渡期的解决方案，该系统设计注重兼容现有的信息系统、整合原有的教育资源、关注用户体验和使用习惯，并逐步引导和培养中小学教师成长为移动互联网时代合格的教育工作者。

---

① 郭绍青，黄建军，袁庆飞．国外移动学习应用发展综述[J]．电化教育研究，2011，(5)：105－109.

② 王萍．微信移动学习平台建设与应用[J]．现代教育技术，2014，(5)：43－45.

14.3　系统应用环境与功能构架

14.3.1　系统应用环境架构

平台应用：适合各种学科、各种资源类型（试题、视频、文本、声音等）。

网络环境：校园网、无线网络，提供外部网络和终端接入。

服务器端：部署在校园网或云平台，提供资源存储和运算服务，Windows 及 Linux 系统。

PC 客户端：兼容现有系统，基于校园网完成多媒体备课，并灵活制作课件；与服务器端协作，完成资料读取、上传、下载及互动通信。Windows 系统。

移动客户端：教学终端，教师和学生人手一台平板电脑，辅助教学。与服务器端协作，基于课堂无线网络展开教学活动，包括智能设备控制、多媒体展示、师生互动、资料上传下载等。Android、iOS 及 WP 平台，原生应用程序。

移动学习环境下教师备课教学系统是 PC 系统下实现可视化编辑、快捷发布移动富媒体课件的电子备课及教学互动平台。该平台适用于各学科教学，具有强大的素材导入、便捷的可视化集成、一次编译多屏发布及多平台自适应功能，解决教师个性化研修、集约化备课及课件制作（PC 及移动端课件、积件均可支持）的难题，操作简单、灵活、高效，让移动设备转换为促进认知、情境化、自主学习、协作学习等认知深化的工具，在课堂上促进高层次思维品质的形成。其制作的课件不仅具有传统 PPT 图文、音视频集成功能，而且具有 LBS、3D、720°旋转、批注、摘录、及时互动与分享等新媒体特性，系统内置数学公式与科学符号编辑系统及基础原件，包括数学、物理、化学、音乐等专用符号与公式的可视化编辑排版系统，用户体验更佳。PC 客户端侧重备课环节，移动客户端侧重授课环节，均可与学生/家长互动，部分备课、自修、互动及授课功能相同，与服务器数据同步传输。学生界面与教师界面是教学活动里相互作用的同一个事物的两面，界面相似、功能相通。移动学习环境下教师备课教学系统应用环境如图 14－2 所示。

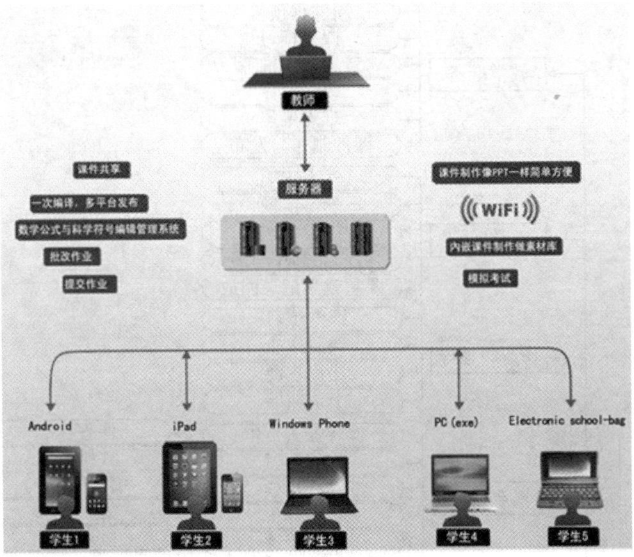

图 14－2　系统应用环境架构示意图

14.3.2　系统功能架构

系统功能由服务器端和客户端协作实现，其中客户端是人机交互的主要界面，完成大部分功能。其中，PC 端和移动端虽然各有侧重，但属于相互作用的一个有机体。教学服务器平台接收移动学习终端请求，学习者访问数据库获取需要的资源和信息，并将处理结果返回移动学习终端。教学服务器平台与教学设计模块有逻辑接口，教学活动设计和学习资源设计结果通过教学服务器为移动学习终端提供客户服务。服务器端管理系统还负责管理系统用户、学生信息、课程信息、课程资源数据。总体来说，该系统主要包括教学活动功能设计和学习资源功能设计两大方面，详细分为教学准备、教学实施、作业与辅导、教学评价、学习资源、师生互动、个人工具箱、用户管理等 8 大板块 59 项子功能（不包括用户管理板块），如图 14－3 所示。

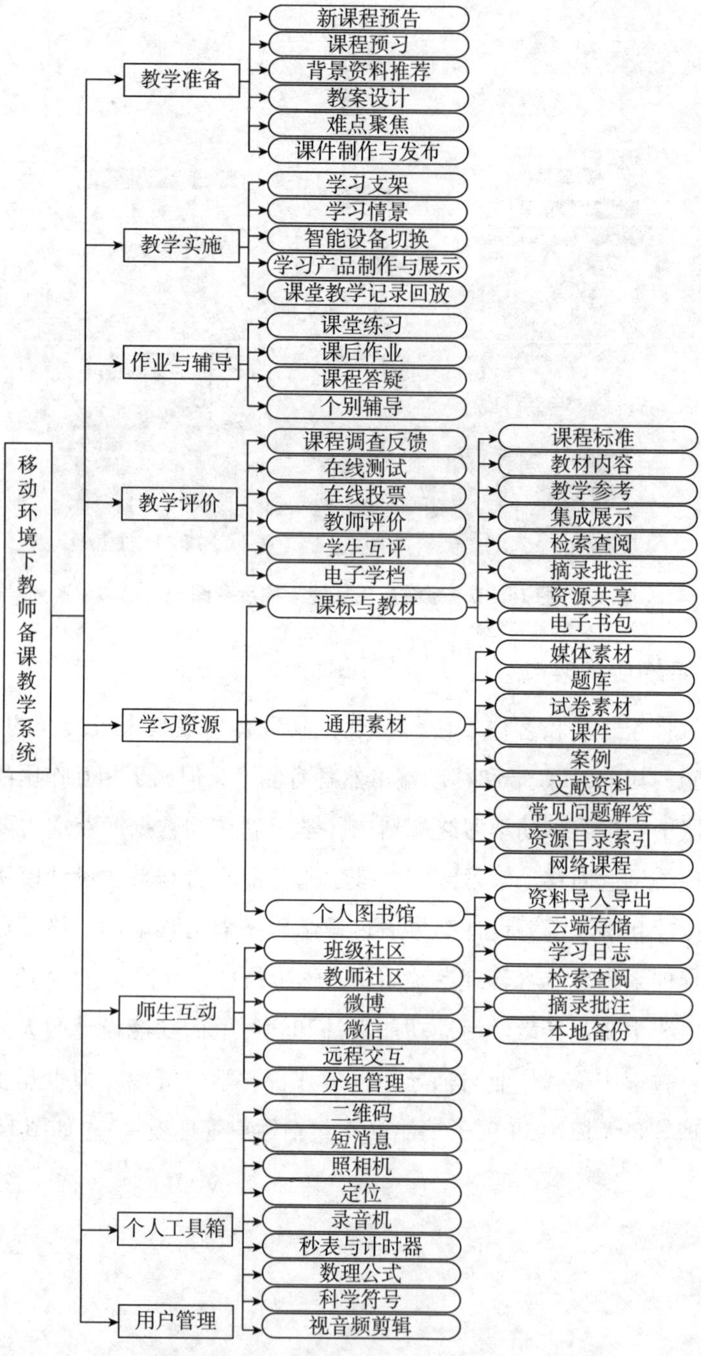

图 14－3　移动环境下教师备课教学系统功能板块构成

（1）教学准备（备课：教案与课件）。

结合教学案例的研习、课程标准的理解、教材教参的掌握、学生的了解、教学环境与资源的准备，教师发布新课程预告和学习任务、自主设计教学活动，详细分析教学重点和难点，并完成教案设计；根据教学的需要制作课件、积件，准备其他教学素材、工具等；根据教学设计组织这些资源，主要实现教师备课功能。

1 新课程预告：对新知识学习的简要介绍。

2 课程预习：在学习新知识之前应该完成的学习任务。

3 背景资料推荐：主要提供课例、案例、积件、资料等教学资源的导入、浏览、摘录及导出；学习资源设计主要包括学习内容设计、学习内容交互设计、学习内容情景设计等。

④教案设计：分析学习对象的特征、确定教学目标与内容，教案的编写、存储、下载、打印及数字签名。

⑤难点聚焦：重点分析教学内容中的重点和难点知识。

⑥课件制作与发布：线下课件制作、课件导入、集成编辑、打包导出、多平台发布及定向分发等功能、分享及抓取上述资源等。

（2）教学实施（我的课堂）。

本系统的核心功能之一，主要完成辅助授课功能。根据备课计划和教学设计，教师适当运用移动环境下的教学资源和手段组织并实施教学活动，开展教学活动可实现不受地点和时间的限制。在教室内辅助教师完成集中授课，在室外以及校外更能发挥移动学习的优势，教师可以提出问题或者布置任务，让学习者在生活场景中个别化或者分组协作学习，学习过程中学习者可利用移动学习终端实时记录学习成果，与学伴、教师、学科专家等互动，学习者与小组完成学习任务，发布及评价学习成果，教师可全程监控、指导并评价学习者的学习成果。系统可为教师提供智能设备调用、多媒体展示、课堂练习、学习产品创作与展示与即时互动以及实时记录与回放等功能。教师可灵活运用移动终端创设学习情境，提供给学习者适当的学习支架，管理正式学习秩序，完成授课任务。课堂上或活动中，教师手中的平板电脑就是一个多种教学资源、设备及学生终端的控制器。

①学习支架：教师在授课过程中可以通过支架（教师的帮助）把管理学习的任务逐渐由教师转移给学生自己，最后逐步撤去支架。在支架教学中，教师作为文化的代表引导着教学，使学生掌握、建构、内化那些能使其从事更高认知活动的技能，一旦他获得了这种技能，便可以更多地在移动学习中对学习进行自我调节。学习支架包括情境支架、注释性支架、范例式支架和向导性支架等。

②学习情景：教师根据课程教学目标与学习内容设置学习情景，努力使学习者的学习认知获得高效，学习情景主要包括教学情境、案例情境、实验情境、游戏情境、语言情境、问题情境和生活情境等。

③智能设备切换：可任意切换不同操作系统的智能手机、个人计算机、平板电

脑、电子书包等界面。

④多媒体展示：可以控制并切换教室内的投影仪、摄像系统、计算机、幻灯、电视机、音响等设备。

⑤学习产品创作与展示：学习者根据老师布置的课堂学习任务个人或者小组设计与完成学习产品，并向班级同学展示自己的作品。教师和学生可以给予评价。系统可为学习者提供常用的学习产品创作工具，可在个人工具箱中调用。

⑥课堂教学记录与回放：教师可利用教室的摄像头录制自己的课堂教学视频，并自由回放自己的教学视频。

（3）作业与辅导。

课堂练习、课后作业（包括书本作业、探究活动、手工操作等）巩固学习内容。在作业批改反馈和互动过程中，发现教与学中的不足和弱项，有目的地调整教学过程和方法，有针对性地因人施教、查漏补缺。本系统的核心功能之一，主要完成作业功能，包括课程内容答疑、难点交流、资料共享、任务发布等。提供预习任务和材料的定向分发、反馈及互动功能；辅助完成课堂练习；实现课后作业的分发、上传、批改、定向反馈、个别辅导等功能。

①课堂练习：可适时布置课堂习题设定时间让学生完成并提交评价课堂学习效果。

②课后作业：教师可根据每个学生的课堂学习情况以及学习水平布置个性化的课后作业，作业可以是书本作业、探究活动、手工操作等，学生都可以在网上提交作业。家长可以批阅作业并实现电子签字，教师可以分发、上传、批改、定向反馈课后作业。

③课程答疑：学生完成课后作业遇到重点或者难点问题时，可以在线或者离线的形式与教师沟通解决疑问。

④个别辅导：教师可专门为优秀学生或者后进生进行个别化课后辅导，可以在线视频语音、文字交流，也可以为学生提供相关的学习资料。

（4）教学评价。

该模块主要为教师的教学提供客观和公平的评价服务，教学评价主要包括终结性评价和过程性过程，可分为课程调查反馈、在线测试、投票、观察记录、生生互评和教师评价、电子学档等。评价有利于教师及时掌握学生的学习状况，进而进行教学反思，改进教学方法，提升教学效果。学生和家长也可以了解自身的课程学习情况，不断改进学习方法，总结学习经验，提升自身的学业水平。

①课程调查反馈：主要在课堂教学前和教学后设置在线问卷调查和访谈，了解

学生的学习需求、问题和建议。

②在线测试：教师可设置客观性试题和主观性试题让学生在线测试，限定时间完成提交，测试可以是章节测试、月考、期中和期末考试、模拟考试等。

③在线投票：教师、学生或家长可为学生的课堂表现、作业或作品展示效果等投票，评价学生的学习过程。

④教师评价：教师可为学生的课程学习进行阶段性或者总体性的评价，并给出成绩和建议。

⑤学生互评：班级同学之间可以进行针对某个同学进行匿名或者实名评价和建议。

⑥电子学档：系统可自动记录每个同学学习过程中的教师评价和学生评价情况，并生成电子档案，和学校及教育管理部门对接。

（5）学习资源。

该模块主要为教师在教学过程提供课标和教材、通用素材和个人图书馆的部分三方面服务项目，可为教师备课、授课、教学总结以及专业发展提供全面的个性化的资源及管理服务。

①课标与教材。

了解课程标准规定的目标、提示的原则和方法，并贯彻到教学活动中去。结合教材文本和官方参考资料，熟练掌握教材的全部内容及组织结构，熟悉三基（基本理论、基本知识和基本技能）、三性（思想性、科学性和系统性）和三点（重点、难点和疑点），从而可以创造性地整合和使用教材。该部分主要提供新课程标准、各版本教材及官方教学参考资料的引用导入、集成展示、检索查阅、摘录批注、课程下载、分享与转载等功能。与电子书包其他系统配合使用，本系统不提供这些资源，只提供导入导出及使用的工具和方法。

a. 课程标准：国家学科教学大纲规定的课程标准。

b. 教材内容：各个版本教材的内容，包括文字、图片等内容。

c. 教学参考：辅助讲解教材内容的详细参考资料，包括文字资料、图片资料、视频资料、动画资料、音频资料、网站资源等。可由教师根据自身教学需求随意引用和导入。

d. 集成展示：教师可以根据教学需要，把各种课程教学资源以及教学目标、教学内容、教学活动、学习成果等项目集成在一起展示，供学生系统学习。

e. 检索查阅：可以按照资源类别、主题内容、作者等检索和查阅相关课程资源。

f. 摘录批注：自由摘录各种课程教学资源，并根据个人需要在教学资源上加入批注。

g. 资源共享：下载与上传各种课程资源，实现与其他教师及学生共享课程资源。

h. 电子书包：提供与电子书包对接窗口，可以导入导出及使用电子书包内的资源和工具。

②通用素材。

这是一个以技术解决方案为主的系统，可分学科提供用户可控的基础性素材，可起到方便和引导用户使用的作用，并提高备课及教学效率。分学科提供组件化、按钮化的基础性通用素材，比如理科通用公式图表的积件、没有版权的阅读材料（有版权材料需要各个学校根据各自的实际需要向版权方购买，可以随时添加进来）等。主要分为：媒体素材、课件、案例素材、试卷素材、文献素材、常见问题素材和教育资源索引等，这类资源符合当前全国通用的 CELTS 标准。

a. 媒体素材：媒体素材是传播教学信息的基本材料单元，可分为五大类：文本类素材、图形（图像）类素材、音频类素材、视频类素材、动画类素材。

b. 题库：题库是按照一定的教育测量理论，在计算机系统中实现的某个学科题目的集合，是在数学模型基础上建立的教育测量工具。

c. 试卷素材：各个学科有典型意义的试卷集合。

d. 课件：课件与网络课件是对一个或几个知识点实施相对完整教学的用于教育、教学的软件，根据运行平台划分，可分为网络版的课件和单机运行的课件，网络版的课件需要能在标准浏览器中运行，并且能通过网络教学环境被大家共享。单机运行的课件可通过网络下载后在本地计算机上运行。

e. 案例：案例是指有现实指导意义和教学意义的代表性的事件或现象。

f. 文献资料：文献资料是指有关教育方面的政策、法规、条例、规章制度，对重大事件的记录、重要文章、书籍等。

g. 常见问题解答：常见问题解答是针对某一具体领域最常出现的问题给出全面的解答。

h. 资源目录索引：列出某一领域中相关的网络资源地址链接和非网络资源的索引。

i. 网络课程：网络课程是通过网络表现的学科教学内容及实施的教学活动的总和，它包括两个组成部分：按一定的教学目标、教学策略组织起来的教学内容和网络教学支撑环境。

③个人图书馆。

打造属于教师/学生个人的个性化数字图书馆，为教师教学、专业研修和学生阅读研习等提供资源集成的平台。提供资料导入与导出、云端存储、分类浏览、学习日志、检索查阅、摘录批注、导出下载、本地备份、分享等功能。该模块不提供资源，只提供学习工具和方法。

a. 资料导入导出：可以随时把看到的各种教学、学习资源导入个人图书馆里，也同时支持从个人图书馆里下载各种资源。

b. 云端存储：可以把自己选择的资源上传或下载在个人教育云端服务器里。

c. 学习日志：可以随时记录自己的教学心得和学习成果，提供分享及私密权限。

d. 检索查阅：提供按照资源类别及主题类型检索或浏览个人图书馆中的资源。

e. 摘录批注：可以对个人图书馆里的资源按照需要摘要，并在必要时标注相关信息。

f. 本地备份：为了提高个人图书馆资源的安全性能，可以对重要资源进行备份及加密。

（6）师生互动。

教与学是一个相互作用的过程，互动将有效提升教学的效果。教师是教学的组织者、学生学习的引导者，而学生才是学习的主体。老师和学生之间的互动显得尤为重要，只有互动才能深入了解，增进互信，达到教学相长的目的。移动学习所使用的移动设备必须能够有效地呈现学习内容并且提供教师与学习者之间的双向交流[①]。互动体现在教师备课、个人研习、课前预习、课堂互动、练习测评、作业与反馈及定向辅导等各个环节。当然也包括老师之间、学生之间、老师与家长之间不同方面不同层次的互动，在该系统里并非独立版块，但与系统深度融合，处处体现互动分享的理念。该模块主要包括班级社区、教师社区、微博、微信、远程交互、分组管理等。

①班级社区：为班级学生提供在线或离线学习讨论的场所，班级成员可以在不同的主题环境下参与话题讨论，也可以是课堂正式学习环境下的在线讨论，教师可以参与讨论、组织与管理社区。根据学习需要班级社区可以授权允许家长和校外人员参与话题讨论。

②教师社区：为教师群体提供交流学习的场所，同一学科或有共同话题的教师

---

① Aleksander Dyeetal：Mobile Education - A Glance at The Future[EB/OL]. http://www.nettskolen.com/forskn - ing/ mobile education. pdf. 2009 - 12 - 17.

可以申请主题空间，教师之间可以交流心得，共同促进专业成长。学校管理者、教育管理部门以及相关专家可以参与社区话题讨论。

③微博：教师和学生可以在此建立自己的微博空间，教师、学生、家长、教育管理人员以及相关学科专家可以相互浏览与交流。

④微信：教师和学生可利用微信账号实现相互资源浏览与交流。

⑤远程交互：教师或学生根据教学和学习需要，与校外的相关学科专家、管理人员、教师、学生以及家长等进行远程在线视频交流、在线观摩教学、协作学习等。

⑥分组管理：教师根据课堂教学需要对班级学生进行同质或异质分组，并对班级成员进行有效管理和监督，适时监控各个小组的学习动态，拍摄小组学习场景，并有广播和限制小组学生学习活动的权限。

（7）个人工具箱。

本模块旨在为教师教学与学习提供便捷的各种工具，该工具箱可以兼容目前常用的软硬件平台，教师可以把各种工具快速调用到各个模块的编辑环境下。该模块主要包括二维码生成、扫描、短消息服务、照相机、定位、录音机、数理公式、科学符号等。

①二维码：教师可以把各种类型的资源生成二维码，供学习者学习时通过移动终端扫描二维码快速浏览相关学习资源。

②短消息：教师可以通过群发或选择性通过系统向学生及家长发送教学信息，并可以接通过该平台可以接收和回复短信。

③照相机：可以拍照或者录像并储存在系统硬盘内。

④定位：可以通过 GPS 实时定位获得学习者的具体地理位置。

⑤录音机：可以近距离录制声音并储存在系统硬盘内。

⑥秒表与计时器：可以计时和倒计时。

⑦数理公式：提供中学数学、物理和化学等学科中常用的公式。

⑧科学符号：提供数学、物理、化学和生物等学科中常用的符号。

⑨视音频剪辑：可以快捷的进行视频和音频素材的抓取和片段剪辑。

另外，本系统专门还有用户管理模块，需要考虑为各类用户提供的服务类别，不同用户使用权限存在明显差异，注重系统的稳定性和安全性。主要分为用户注册、用户登录、教师用户管理、学生用户管理、家长用户管理、专家用户管理、游客管理及系统管理员等。

14.4 本章小结

在未来 10 年里，移动技术在支持情境认知、社会性学习、非正式学习方面有更独特的优势，移动技术支持的情境学习、社会性学习和非正式学习在很大程度上将代表移动学习的发展趋势。移动技术将会突破时空局限把学习环境延伸到课堂之外，学校之外，新兴的移动技术将会支持教师与学习者无缝隙化互动与个性化学习。移动学习产品设计与开发人员应该广泛征求学科专家、教师、家长和学习者的建议，做好充分的前期调研和后期测试工作，在移动技术和需求的带动下不断完善系统平台，努力打造“按需服务”的个性化移动学习环境。但是无论移动技术怎么发展，学习环境如何变化，教师应该在移动学习环境下主动学习与接受新的教育思想，创新教学方法，才能适应新的数字化环境，利用新技术和新环境提升教学效果，促进自身专业发展。学习者应该重视提升自身的数字化素养，适应学习化的学习方式，掌握数字化学习技能，在数字化学习环境中培养自己的协作意识、创新精神和实践能力。

参考文献

[1]沈娅芳,丁革建．移动学习在现代远程教育中的应用研究[J]．远程教育杂志,2007,(4):37－39.

[2]胡航,任友群．合法的边缘性参与下的 M－learning 共同体[J]．中国电化教育, 2006,(9): 9－12.

[3]周济,宋浩,等．引入移动学习技术满足学生随时之需[J]．中国远程教育,2007,(8):42－44.

[4]林崇德,胡卫平．思维型课堂教学的理论与实践[J]．北京师范大学学报(社会科学版),2010,(1):29－36.

[5]胡卫平,魏运华．思维结构与课堂教学——聚焦思维结构的智力理论对课堂教学的指导[J]．课程、教材、教法,2010,30(6):32－37.

[6][美]D. 乔纳森主编．郑太年,任友群等译．学习环境的理论基础[M]．上海:华东师范大学出版社,2002:84－112.

[7]方海光,王红云,等．移动学习的系统环境路线图[J]．现代教育技术, 2011,(1):14－20.

[8]吴飞．社会传播网络分析——传播学研究的新进路[J]．中国人民大学学报·哲社版,2007. 4:106－113.

[9]罗家德．NQ 风暴——关系管理的智慧[M]．北京:社会科学文献出版社,2002:38.

[10]徐永贵,刘成新．远程学习者媒介素养状况调查分析[J]．中国远程教育,2007(2):52－56.

[11]生奇志,展成．大学生媒介素养现状调查及媒介素养教育策略[J]．东北大学学报:社会科学版,2009,11(1):66－70.

[12]张立国,杨娟．我国媒介素养教育研究的现状与反思[J]．中国电化教育2011,(9):4－8.

[13]陈晓慧,王晓来,等．美国媒介素养定义的演变和会议主题的变革[J]．中国电化教育,2012,(7):19－22.

[14]王帆,张舒予．从教育视角解析媒介素养与信息素养[J]．电化教育研究,

2007,(3):35 - 39.

[15]郭太敏,曹志梅,谭黎娟,等. 大学生信息素养一体化教育体系及其构建对策[J]. 大学图书馆学报,2012(2):102 - 104.

[16]阮海红. 媒介素养与信息素养教育学科发展研究[J]. 现代情报,2010,30(10):33 - 35.

[17]傅钢善,李婷.3G 时代基于专家系统的移动学习模式[J]. 中国电化教育,2010,(4):106 - 111.

[18] 杨文阳,王燕. 基于移动学习环境的数学教育游戏设计与开发探究[J]. 中国电化教育,2012,(3):71 - 75.

[19] 付卉. 移动学习系统的设计与开发[D]. 武汉:华中师范大学,2008.

[20] 韩建华. 高校校园综合网络教学平台的移动学习模式[J]. 现代教育技术,2009,19(6):73 - 75.

[21] 高敏,吴介军,等. 基于手机的 M - Learning 系统研究与设计[J]. 现代教育技术,2008,18(8):93 - 96.

[22] 李兴敏. 外语教学的移动学习模式[J]. 现代教育技术,2009,(3):109 - 120.

[23]詹泽慧,李晓华. 混合学习:定义、策略、现状与发展趋势[J]. 中国电化教育,2009,(12):1 - 5.

[24]王良周,于卫红. 大数据视角下的学习分析综述[J]. 中国远程教育,2015,(3):31 - 37.

[25]吴南中. 混合学习视域下的教学设计框架重构——兼论教育大数据对教学设计的支持作用中国电化教育,2016(5):18 - 24.

[26]魏顺平. 学习分析数据模型及数据处理方法研究[J]. 中国电化教育,2016(2):8 - 16.

[27]马婧,韩锡斌,周潜,等. 基于学习分析的高校师生在线教学群体行为的实证研究[J]. 电化教育研究,2014(2):13 - 18.

[28]郑燕林,李卢一. 对大数据支持的学习分析与评价的需求调查——基于教师的视角[J]. 现代远距离教育,2015(2):36 - 42.

[29]姜强,赵蔚. 基于大数据的个性化自适应在线学习分析模型及实现[J]. 中国电化教育,2015(1):85 - 92.

[30]赵慧琼,姜强,赵蔚. 大数据学习分析的安全与隐私保护研究[J]. 现代教育技术,2016,26(3):5 - 11.

[31]张进良,何高大．学习分析:助推大数据时代高校教师在线专业发展[J]．远程教育杂志,2014 (1):56－62.

[32]牟智佳,武法提,乔治·西蒙斯．国外学习分析领域的研究现状与趋势分析[J]．电化教育研究,2016,(4): 18－23.

[33]魏顺平,韩艳辉,王丽娜．基于学习过程数据挖掘与分析的在线教学反思研究[J]．现代教育技术,2015,24(6):89－95.

[34]葛子刚,杨丽华,马焕新．割裂还是融合？自适应学习系统设计对于学习风格和认知风格考量的研究现状述评[J]．中国远程教育,2018,(3):62－69.

[35]王硕烁,马玉慧．国外典型自适应学习平台的基本框架及其关键技术分析[J]．开放学习研究,2018,23(1):48－54.

[36]姜强．基于大数据的个性化自适应在线学习分析模型及实现[J]．中国电化教育,2015,(1):85－92.

[37]胡中锋．教育测量与评价[M]．广州:广东高等教育出版社,1999:31－35.

[38] 张琴珠．计算机辅助教育[M]．北京:高等教育出版社, 2003:155－157.

[39] 何克抗．教育技术学研究方法[M]．北京:北京师范大学出版社,2003:38－40.

[40]傅德荣,章慧敏．教育信息处理[M]．北京:北京师范大学出版社,2001:114－133.

[41]杨惠,吕圣娟,等．CSCL 中学习者人际交往对高水平知识建构的影响[J]．开放教育研究,2009,(2):81－85.

[42]李热爱．计算机支持的协作学习效果评价研究[D]．南昌:江西财经大学,2009,12.

[43] 马玉芳,伍思静．知识地图在大学英语教师知识管理中的应用:现状与展望[J]．中国电化教育,2009,(6):22－25.

[44] 杨刚,徐晓东．计算机支持的协作学习研究现状与发展趋势[J]．远程教育杂志,2010,(3):93－101.

[45] 况姗芸．动机视角下的 CSCL 学习活动设计研究[J]．电化教育研究,2012,(3):80－86.

[46] 程絮森,李钊,李静．高校研究生创新教学中的建导式协作设计研究—基于CSCL 环境[J]．电化教育研究,2013,(6):92－97.

[47] 柴少明: CSCL 中促进协作知识建构的策略[J]．现代远程教育研究,2012,(4):35－40.

[48] 刘家亮,郑金秋. CSCL 中课堂教学和网络学习关系模型探究[J]. 现代教育技术,2012,(8):94 -97.

[49] 况姗芸. 异步 CSCL 情境中协作知识建构的动力机制研究[J]. 中国电化教育,2012,(7):11 -18.

[50]杨方琦,杨改学. 近十年我国移动学习学术期刊论文的内容分析研究[J]. 远程教育杂志,2010,(6):39 -45.

[51]傅钢善,李婷. 3G 时代基于专家系统的移动学习模式[J]. 中国电化教育,2010,(4):106 -111.

[52]孙怡夏. M - learning 学习环境的改变与教学设计原则[J]. 现代教育技术,2008,(3):43 -45.

[53]刘清堂,向丹丹. 面向 3G 手机的移动学习资源交互设计与实现[J]. 中国电化教育,2011,(11):72 -73.

[54]司国东,赵玉,赵鹏. 移动学习资源的界面设计模式研究[J]. 电化教育研究,2015,(2):71 -76.

[55]王萍. 微信移动学习平台建设与应用[J]. 现代教育技术,2014,(5):43 -45.

[56] Hargreaves, A. (2003). Teaching in the Knowledge Society: Education in the age of unsecurity. Online, available at http://books. google. com. my/books (accessed 1 March 2009).

[57] Rozhan Idrus, R. , & Hanafi Atan (2007). Lifelong and lifewide distances education in Abdul Razak, N. , KamarulKabilan, M. and Silong, A. D. (eds) Online Lifelong Learning in Malaysia: research and practice (pp. 1 -8). Serdang: Universiti Putra Malaysia Press.

[58] Vavoula, G. , & Sharples, M. (2001). Studying the Learning Practice: Implications for the Design of a Lifelong Learning Support System in IEE (pp. 379 -380).

[59] Thornton, P. , & Houser, C. (2005). Using mobile phones in English education in Japan, Journal of Computer Assisted Learning, 21:217 -228.

[60]Engestro¨M, R. Learning by expanding: An activity - theoretical approach to developmental research[M]. Helsinki: Orienta - Konsultit,1987:361 -373.

[61]George Siemens. Connectivism: A Learning Theory for the Digital Age [J]. Instructional technology &distance learning,2005,2(1):3 -10.

[62]Kristian Kiili. Digital game - based learning: Towards an Experiential Gaming

Model [J]. Internet and Higher Education,2005,(8):14 - 15.

[63] Naming Shin. Online Learner's 'Flow' Experience: anAnempirical Study [J]. British Journal of EducationalTechnology,2006,(5):705 - 720.